JN091418

満州における軍馬の鼻疽(びそ)と関東軍

奉天獣疫研究所・馬疫研究処・100部隊

小河 孝
OGAWA Takashi

文理閣

はじめに

2010年、筆者は中国東北地方における日中戦争の戦跡をめぐる旅に参加する機会があり、大連・旅順・瀋陽・撫順・ハルビン・満州里・ハイラルなどを訪ね、初めてハルビンにある関東軍第731部隊罪証陳列館*1を訪問しました。

1980年代、森村誠一の『悪魔の飽食』を読み、731部隊によって人体実験などの戦争犯罪が秘密裏に行われていた事実にたいへん衝撃を受けた記憶がありました。しかし、その記憶は時間の経過とともに筆者の中では風化していました。この時、731部隊旧管理棟にある展示館で「日本の医学者たちによる731部隊の戦争犯罪」の資料や当時の生々しい写真の数々をこの目で実際に確かめることができました。そこであらためて大きな衝撃を受け、1980年代の記憶がよみがえりました。

この訪問を契機に、731部隊に関する詳しい事実を知りたいと思い、さまざまな関連資料を読み進め、2015年と2017年を合わせて3回、ハルビンを訪問する機会をもちました。2015年8月、リニューアルした新しい展示館が開館、資料室で731部隊の戦争犯罪関連の中国側の新しい研究資料も入手できました。さらに2017年、部隊撤退時に地上部分が完全に爆破された巨大な研究棟（中央にマルタを収容した特設監獄のあるロ号棟）の遺構がすべて発掘され、実際に歩いてみた経験からその大きさを肌身で感じることもできました。

いっぽう731部隊の関連資料を読み進める過程で、同時期に家畜を用いる細菌戦を準備したといわれている関東軍軍馬防疫廠（100部隊）が、長春に存在していた事実をはじめて知りました。満州で"細菌戦の研究"に関わった研究者は、医学ばかりでなく獣医学関係者もいたように感じられました。

もしそうならば同じ分野の研究者として無関心ではいられないし、100部隊に関する資料から真相を明らかにしてみようと思い立ちました。

その後、数少ない100部隊関連の資料を読むなかで、家畜伝染病に関する専門的な知識がこの真相に迫るかぎになるかもしれないと考え、農林水産省家畜衛生試験場*2（家畜衛試）で一緒に仕事をしたＨ氏が思いあたりました。

Ｈ氏はツベルクリン研究室に長く勤務し、牛の結核の専門家です。後で詳しくふれる鼻疽（びそ）は牛の結核と同じ病態を示す人獣共通感染症です。

これまでに考えたことのまとめ、長春の100部隊、満州における鼻疽研究と鼻疽菌についてさまざまな疑問や質問をＨ氏に手紙で問い合わせました。

2018年8月、大きな封筒が筆者の手元に届きました。分厚い『回想・奉天（ほうてん）獣疫研究所の20年』(1) と『続 回想・奉天獣疫研究所の20年』(2)（以下、『回想』および『続・回想』と略記）の2冊の資料が返信に同封されていました。

「満州国」の時代に鼻疽、炭疽、牛疫などさまざまな家畜伝染病の研究に携わった人たちがこのようなりっぱな回想録を残していることをこれまで全く知らず、たいへん驚きました。

家畜衛試の疫学研究室で一緒に勤務した頃、Ｈ氏と“奉天獣疫研究所が、満州で家畜伝染病の研究（とくに鼻疽）とその防疫対策でたいへん貢献していた”というような会話をなにげなく交わした記憶があります。回想録は手紙に対する答えかもしれないと思い、ふたつの資料を読み始めました。

分厚い『回想』を一気に読み終わり、『続・回想』の目次に移ったところ、「（付）獣研（注：奉天獣疫研究所）と全く無関係の細菌兵器戦略の関東軍第731および第100部隊」(3) という見出しが目に留まりました。以下、その内容を引用します。

*

「……細菌部隊である『731部隊』及び『100部隊』と獣疫研究所の関係が後年話題となり、獣疫研究所関係者を悩ませたものであるので、ここで全く関係のないことを明確にしておきたい。

『731部隊』創設の石井四郎隊長（当時軍医大佐・後中将）は、創設時からしばしば獣疫研究所を訪れ、当時世界で只一人といわれた鼻疽研究室主任の割愛方を『三顧の礼』ならず、『五顧の礼』をもって招請した。温厚な所長は断り切れず、『本人の意思に委ねる』のであった。結果として当該研究官は断り抜き、不発に終わった。人間関係専門の『731 部隊』が人獣共通伝染病でわが国、否、世界で唯一の『鼻疽』研究専門家を熱心に招くことが当初から疑問であったことが大きな要因であったし、編者らも決して応諾しないように希望したことも事実である。

戦後本人を含めて『あのとき断りぬいてよかった』『そうでなければ完全に戦犯にされた……』と語るのである。

さらに2代目『731 部隊長』となった北野政治（政次）軍医大佐（後に中将）は現職のままナゼか当時の満州医大微生物学教授として併任された後、部隊長に転出している。彼は機会あるごとに研究所を訪れ、鼻疽研究のノウハウを吸収したようである。……」

＊

この文章からは、石井四郎による働きかけの具体的内容はわかりませんが、731 部隊創設の頃ならば 1936 年から 37 年頃と思われます。おそらく石井四郎や北野政次は、人獣共通感染症である鼻疽のヒトに対する毒力に注目していたように思われます。だからこそ鼻疽の研究者を 731 部隊の細菌戦研究（おそらく人体実験を含む）に参画させる意図から接触してきたと考えられます。

この文章を読みながら、100 部隊の秘密を解くかぎは、もしかしたら“鼻疽”にあるかもしれない……と、一瞬ひらめくものがありました。

奉天獣疫研究所（獣研）は、当時の満州において流行していた各種の家畜伝染病を制圧するため南満州鉄道株式会社（満鉄）によって 1925 年に創設されました。獣研は 1945 年まで 20 年間、満州において牛疫をはじめとする家畜伝染病の研究と防疫対策で多大な貢献をしました。いっぽうその貢献は、日本が中国東北地方を侵略して作った「満州国」に依拠していることも歴史的事実です。このように侵略の中での貢献という矛盾した局面の一端を解き明かし、なかでも 100 部隊の実相を解明することはそれほど簡単でないように思われます。

獣研を中心に鼻疽の研究と満州における防疫対策の分析は、筆者が獣医疫学分野の専攻なのでさほどの難しさを感じることはありません。しかし、日本が満州に侵出する歴史的背景を含む近現代史についてはまったくの専門外です。系統的に学んでないため一般教養程度の知識と理解度があるにすぎません。

例えば、『回想』や『続・回想』を読むなかで伝わってくる満州時代の研究の進展を懐かしむ記述は、それを満州における侵出の歴史の中でどのように位置づけられ、考察したらよいかなど筆者にはかなり難しいと感じられます。

これまで100部隊に関する論文は中国の撫順戦犯管理所における安達誠太郎（馬疫研究処・初代処長）の供述書(4)を引用した江田いづみの論考(5)以外は見当たりません。江田いづみは「はじめに」の中で、「100部隊の全貌を明らかにするために不可欠と考えられる、部隊設立の背景、具体的な活動内容、主要構成員、満州国の機関との関係、陸軍におけるその位置、部隊が細菌戦を準備しはじめたのはいつであったのか、……」と全貌解明を試みています。しかしながら、「おわりに」の中で「本稿では試みとして部隊周辺からの証言をもとに部隊像を描いてみた。したがって、当時の雰囲気を伝える証言にはそれ自体に価値があるとはいえ、100部隊研究としては隔靴掻痒の感をまぬがれない」と、全体像の解明はまだ道半ばと語っています。

100部隊は、1943年以降、いわゆる細菌兵器として家畜を用いる謀略戦に重点が移ったようにいわれています。もし、細菌戦謀略の焦点に鼻疽菌をあてるとしたら、100部隊は満州における鼻疽の疫学はもとより病態および鼻疽菌の性状把握と大量培養など研究や技術面でのさまざまなノウハウを蓄積していなければ成立しないと考えます。

先行論文を参考にしながら、満州の政治・軍事情勢の中で、鼻疽をキーワードに獣研、馬疫研究処そして100部隊（関東軍軍馬防疫廠）について設立の背景、鼻疽に関する研究と防疫活動、関係者を含む各機関のつながりなどを新たな資料を発掘しながら実態を解き明かすつもりです。

これまで鼻疽の発生・流行の疫学を調べる過程で、この疾病は軍馬すなわち戦争とのかかわりがはっきりしています。1931年の満州事変から始まる時代は、鼻疽が流行している状況下で関東軍と満州国軍の軍馬は鼻疽の被害と防疫対策でたいへん苦慮している事実が明らかになっています。

そのいっぽうで、1931年に予算が認められた陸軍軍制改革案(6)は軍の機械化・科学化に重点が置かれるようになりました。しかし、1937年の日中戦争の開始によって軍馬は中国戦線における輜重馬*3としての役割の増大によって、満州における鼻疽の防疫対策は、同時に軍馬の資源確保の課題も重なり混迷を深めていったように思われます。

そして、日本は1940年代に入ると日中戦争の泥沼化によって対ソ戦略を見直し、アジア太平洋戦争への拡大へと進み、最終的に自滅の道をたどりました。このような政治・軍事情勢の中で、100部隊は仮想敵国のソ連に対する家畜の細菌戦の謀略でどのような役割を演じたのかたいへん関心のある課題です。

最後に100部隊の全貌を明らかにするためには、部隊が人体実験に関与したこと（ハバロフスク軍事裁判における三友一男の法廷訊問(7)）は、避けて通ることのできない論点のひとつです。どこまで解明できるかはわかりませんがこの点も筆者なりに検討するつもりです。

解説

＊1：　中国・ハルビン市平房区の関東軍731部隊の跡地に、2015年8月に新しい建物として開館しました。731部隊による細菌戦の実施、人体実験、細菌兵器の開発などが総合的に展示されています。開館2年間で190万人以上の入場者があったと言われています。私は、2010年、2015年、2017年の3回、当館を訪問・見学し、資料などを入手しました。訪問のまとめは、拙著（2018）「731部隊と上田小県」、上田小県近現代史研究会ブックレット「ふるさとで平和と戦争を考える」、No.26、35－47を参照。

＊2：　1921年設立された獣疫調査所（東京府北豊島郡滝野川町西ヶ原）が、戦後小平市に移転し農林水産省家畜衛生試験場となりました。1979年につくば研究学園都市に移転し、現在は農業・食品産業技術総合研究機構の動物衛生研究部門となりました。1970年代から80年代頃の家畜衛生試験場（本場）の研究組織は、細菌、ウイルス、病理、生化学、製剤、馬伝染性貧血、海外病の各研究部に分かれ、北海道（札幌）、東北（青森県・七戸）、北陸（新潟県・柏崎）、鶏病（岐阜県・関）、九州（鹿児島）に各支場がありました。家畜疾病にかかわる調査・研究の外に、ワクチン・診断液など生物学製剤の製造、病性鑑定、

各種の講習会も行っていました。この時代の奉天獣疫研究所は、家畜衛生試験場の研究組織の形態とほぼ同じです。H氏と筆者は1970年代後半から90年代前半まで約20年間、疫学研究室に所属し、共に獣医疫学の研究に従事していました。

＊3： 軍隊の食糧・被服・武器・弾薬などの軍需品を輸送する馬をさします。

引用文献

(1) 富岡秀義編（1993）『回想・奉天獣研20年』
(2) 富岡秀義編（1994）『続・回想奉天獣研20年』
(3) 同上、46－47
(4) 江田憲治・兒嶋俊郎・松村高夫編訳（1991）『人体実験―731部隊とその周辺』同文館出版、229－250
(5) 江田いづみ（1997）「関東軍軍馬防疫廠100部隊像の再構成」『戦争と疫病―731部隊のもたらしたもの』本の友社、41－71
(6) 朝日年鑑（1931）昭和7年版、141
(7) 江田憲治・兒嶋俊郎・松村高夫編訳（1991）『人体実験―731部隊とその周辺』同文館出版、279－281

凡例

＊1から始まる上付き番号は解説に、また（1）から始まる上付き番号は引用に用います。

旧・満州国全図 (1941年頃)

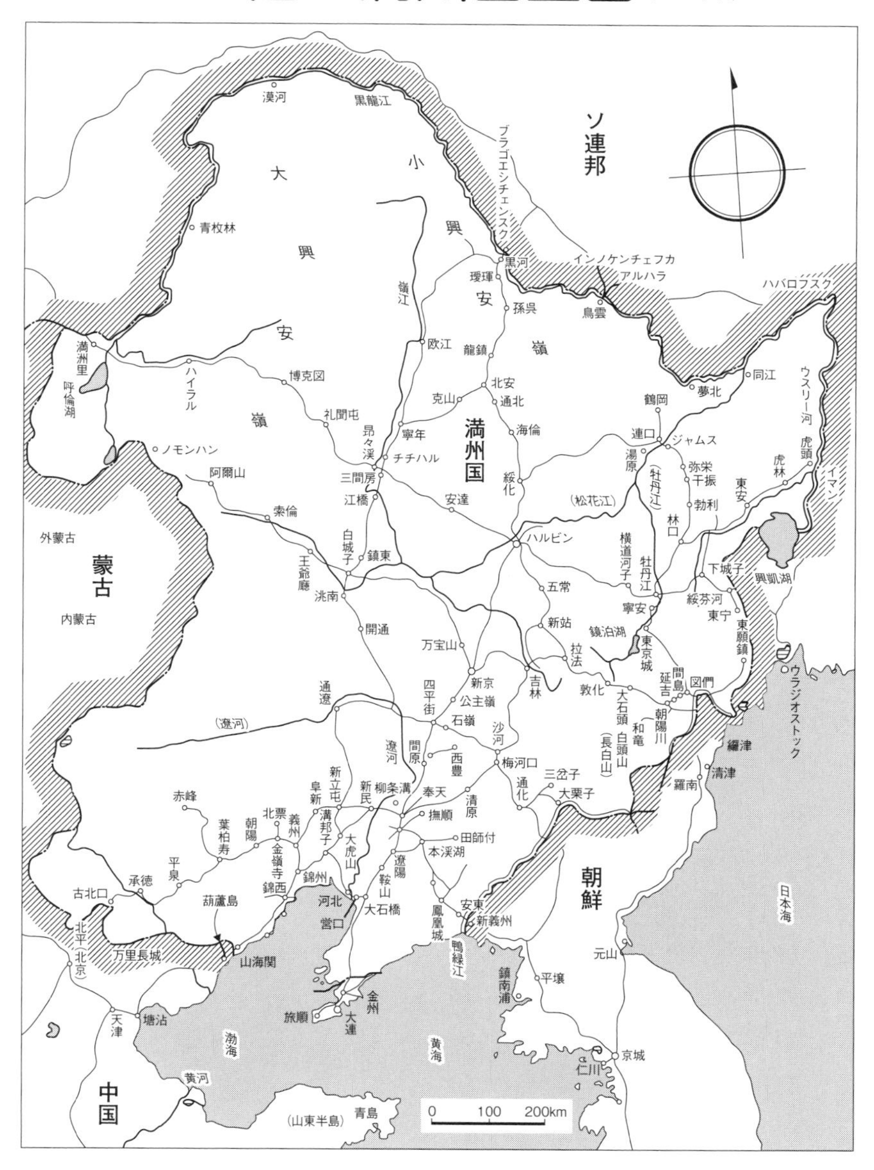

(『続・回想奉天獣研 20 年』10 ページ)

目　次

第1章

鼻疽とは何か

現在、一般に鼻疽（Glanders）の名前はおよそ聞いたことがない家畜伝染病のひとつです。この疾病の全体像を理解してもらうため、獣医伝染病学の教科書的な解説でなく83年前の講演記録を最初に紹介します。

1936年3月、「満州国」の奉天図書館で開催された山際三郎（奉天獣疫研究所・研究科長）の講演「殉職せられたる英霊を弔いて鼻疽を語る」[1] です。

文章中にある当時の難しい表現は、筆者の判断で現代用語に、旧漢字は新漢字に改め若干要約して紹介します。

＊

「鼻疽という病気は古く、紀元前330年の頃アリストテレスが悪症と記載しております。この病気は元来、馬の伝染病でありますので日本のお医者様は、馬鼻疽という名称を用いております。

昔からの文献を調べてみますと、1800年の中頃から1900年初めまで、世界大戦（注：第1次）の時は、馬の間で驚くべき発生数を示しております。例えば、フランスの軍馬では、1874年には千頭中11.2％の多数が鼻疽で斃れており、大戦争中、ドイツ軍は3万、フランス軍は8万、オーストリア軍は2万の軍馬を本病で失っておるような次第です。ところが、驚くべきことは、欧州先進国ではその後、厳重なる予防防遏が励行されたため急激な減少を示して、英独仏のような大国では、現在はまったく無い状態になりました。しかしながら、トルコ、ポーランドを始めバルカン諸国および極東ロシアには依然として本病が産業上、人畜衛生上に、大きな損害を与えておるのであります。

ヒトに感染した例は、文献上に報告されておるのはごくわずかであります。1876年から86年まで10年間、プロイセン王国で馬罹患数1万7047頭

皮鼻疽馬（日本馬）
人口感染せるもの（第一七日目）

局所擴大　同上

鼻疽の人工感染馬

（『満洲獣医畜産学会雑誌』第18巻、鼻疽特集〈1936〉より）

であるのに、ヒトは20人です。（中略）数からみて馬の鼻疽はヒトの結核のようなもので、たいへん恐ろしい病気です。ヒトが罹（かか）りにくいのは事実ですが、油断は大敵なのであります。それには昔こんな話があります。1876年、キューバにおいて当時のアメリカ合衆国で鼻疽が大発生した余波を受けて、もともと鼻疽がなかったキューバへ1頭の鼻疽馬が輸入されたため、1876・77年の両年で18人のヒトが鼻疽に感染し、1888年から93年には、89人のヒトが鼻疽で死んでおるのであります。国柄といい、時代といい、衛生思想の未発達の影響も重大でありますが、相当注意を要する事件と思われます。

さて、鼻疽とはいかなるものかについて簡単に申し上げます。病原体は1882年、レツフレル氏とシュツツ氏が発見した鼻疽菌です。この菌に侵される馬、猛獣、ヒトの場合、病気に罹り具合にかなりの違いがあるのでひとつずつ申し上げるのが順序かと考えます。

馬の鼻疽は経過から見て急性型と慢性型のものがあります。馬では通常慢性鼻疽から転じて、ロバやラバでは最初から急性型としてあらわれます。すなわち迅速に悪くなる熱性現象から始まります。体温の急上昇とこれに伴ういろいろな症状を呈しつつ、2、3日後にはすでに鼻粘膜上に無数の結節と潰瘍ができると同時に、しばしば血液が混じる鼻腔滲出物が出はじめ、粘膜および粘膜下織の高度の腫脹のために呼吸困難となります。同時にいろいろな場所に急性浮腫性腫脹とそこに皮下および皮膚結節ができます。これらは数日後に破壊し潰瘍となり、拡大あるいは融合して大潰瘍をつくります。表層リンパ腺はいたるところで急性腫脹し、場所によっては化膿します。その間熱発動物はやせて、呼吸困難、脈拍が急迫し、最後には下痢を伴って一般には2から3週間で死亡します。

慢性鼻疽の経過は、例別によってたいへん違いがあり、数週間から数年にも及びます。急性の悪化は何等外的な原因が認められずに、通常の経過中に来ます。その他馬を過大に働かせることや劣悪な栄養状態のときに急速に進展します。鼻および肺に病巣を持っている動物は、流出する鼻汁で自分の食べる飼料飲料を汚染して、くり返し新たな感染を起こします。（中略）

猛獣の鼻疽は大きなネコ科動物（ライオン、トラ、ピューマ）が鼻疽に罹ることが知られており、クマ、ラクダも同じです。動物園で飼育されている動物は例外なく、鼻疽馬の肉を食べて感染します。ごく最近、昭和9年（注：1934年）、京城（注：韓国ソウル）の動物園でライオン4頭、トラ2頭、満州虎1頭が犠牲になりました。猛獣の場合、共通の症状は、倦怠（けんたい）（注：疲れてだるい症状）、食欲不振、時に皮膚潰瘍形成、跛行（はこう）（注：正常な歩行ができない）、出血性鼻汁排出、呼吸困難等です。京城動物園の罹病経過日数は、13日、23日、24日、27日、29日でした。猛獣の場合は急性型のようです。（以下略）」

＊

ヒトの鼻疽感染に関しては第3章で詳しく紹介します。

鼻疽[*1]と鼻疽菌

鼻疽は、馬、ロバやラバ（ウマ科の動物）に感染する家畜伝染病で、ヒトにも強い病原性を示す人獣共通感染症です。日本における発生はなく、現在、中近東、アジア、アフリカ、中南米の一部の国々で発生がみられます。

原因菌の鼻疽菌（*Burkholdelia mallei*）は、グラム陰性、好気性桿菌で、培養は37℃、pH 6.0が至適です。普通寒天やブイヨンに発育し、グリセリンや血清の添加によって発育は促進されます。鼻疽菌の菌体内毒素が感染馬の発熱、削痩（やせる）・衰弱の原因となります。

鼻疽菌は、乾燥や直射日光のもとで長く生存できません。また55℃、15分の加熱、通常濃度の消毒薬によって容易に殺菌されます。

鼻疽の自然感染は、病馬の分泌物によって汚染した飼料や水を介して口より消化器を経て感染伝播します。臨床像には、肺鼻疽、鼻鼻疽、皮鼻疽の3つの病型があります。

人工感染試験の成績から、実験動物は飛沫による気道感染が可能です。また、馬は1/10～1/100 mgの菌量で経口、経鼻感染が可能で、症状も激烈です。いっぽう、満州における在来馬は感染経過が緩慢で、慢性ないし潜伏性感染になる傾向がありました。

野外で鼻疽菌が馬集団に新しく侵入した場合、爆発的に流行し、急性の経過をとります。急性型の臨床症状は発熱、膿瘍鼻汁、鼻粘膜の結節、肺炎などがみられ、感染馬は敗血症を起こし、7～14日で死亡します。しかし、鼻疽の常在地では多くの集団が慢性、不顕性感染に推移し、感染馬は微熱をくり返し、次第にやせていきます。

鼻疽の診断は、生体の臨床検査の他に、馬の下瞼（まぶた）にマレイン診断液を点眼し、アレルギー反応を調べるマレイン反応、血清を用いる補体結合反応[*2]、ELISA反応などがあります。現在は、特異度が高いウエスタンブロティング法がOIE（国際獣疫事務局：本部はパリ）の指定するリファレンス（標準品質管理業務）研究所で診断に使われています。

過去に、鼻疽は不治の病といわれ、免疫を獲得して自然治癒することはありませんが、血中に抗体を産生します。これまでワクチン、抗血清など種々の生物学的製剤の作製を試みましたが、すべて不成功に終わっています。したがって、鼻疽に対するワクチン、抗血清はありません。感染動物は殺処分*3されます。

鼻疽の予防対策は、鼻疽が常在しない日本のような国は、輸出入の動物検疫を強化し海外から本病の侵入を防止することが唯一の手段と考えられています。戦前、鼻疽を治療する目的で種々の薬剤が応用されましたが、そのほとんどは無効でした。

鼻疽のヒトへの感染は職業病の一種とみなされ、病馬に接触する機会が多いヒトと実験室内で鼻疽菌を扱う研究者の感染例が知られています。しかし、病馬に接触する機会の多い馬を扱う人たちや騎兵隊の兵士は感染の頻度が少なく、その理由はよくわからないと言われています。鼻疽菌が乾燥や紫外線に弱いことが関連していると思われます。

また、鼻疽菌を扱うときにおきた実験室内感染は、満州の奉天獣疫研究所（3名）と馬疫研究処（1名）で研究者が感染・死亡する痛ましい事故がありました（第3章）。当時は有効な治療手段がなく、感染者はいずれも殉職しています。しかし、現在では治療に抗生物質（サルファダイアジン、テトラサイクリン）があります。

解説

＊1：　鼻疽は、日本には存在しない家畜伝染病です。現在農林水産省の家畜伝染病予防法では監視伝染病に指定され、疾病マニュアルに記載されています。https://www.naro.affrc.go.jp/org/niah/disease_fact/k16.html（2019年10月最終閲覧）を参照してください。

いっぽうOIEコードでは詳しく記載しています。

http://www.maff.go.jp/j/syouan/kijun/wtosps/oie/pdf/ref5_glandersj.pdf#search=%27%E9%BC%BB%E7%96%BD%E8%8F%8C%27（2019年10月最終閲覧）を参照してください。

さらに、本病は人獣共通感染症のため、厚生省は医師と獣医師に届け出の義務を課し、マニュアルが整備されています。https://www.niid.go.jp/niid/

images/labmanual/glanders.pdf#search=%27%E9%BC%BB%E7%96%BD%E8%8F%8C%27（2019 年 10 月最終閲覧）を参照してください。

また米国の CDC は、鼻疽菌をバイオテロ目的で使用される細菌としてカテゴリー B に指定しています。詳しくはバイオテロ対策ホームページ（https://crisis.niph.go.jp/bt/disease/7summary/7detail/、2019 年 10 月最終閲覧）を参照してください。

この解説は、主として鼻疽菌 【執筆者：西　武（1964）：獣医微生物学（平戸勝七編）養賢堂、328-334】を参照し、上記ホームページなどから最新の知見を引用してまとめました。

なお、筆者が勤務していた当時の家畜衛生試験場では、バイオハザード対策が十分できなかったため、鼻疽菌を研究やマレインの製造を含めて取り扱うことはまったくありませんでした。

＊２：　補体結合反応は、抗原と抗体の結合物（抗原・抗体反応）が補体をとりこむと、直接観察できない抗原・抗体反応を溶血反応のかたちで観察できる反応。補体は脊椎動物の正常な血清中に存在、反応を補助する物質です。

＊３：　家畜伝染病に罹患した動物を、感染拡大の防止、経済的な悪影響など被害防止の観点から行政手続によって殺し、死体を埋却あるいは焼却する処分をさします。

引用文献

(1)　山際三郎（1936）「殉職せられたる英霊を弔いて鼻疽を語る」満州獣医畜産学会雑誌 18、300－313

第2章

奉天獣疫研究所（獣研）と鼻疽研究

獣研が創設されたのは1925年です。満州について当時の時代背景を織り交ぜながら創設までの歴史をたどります。

*

「日露戦争に勝利したことで、旅順・大連などがある遼東半島の租借権は、日本に引き継がれました。租借地というのは、あくまでも清国の領土で、借りている土地なのですが、実質的な統治権は借りた国が持ち、司法・立法・行政を実施する準領土のことです。日本政府は、租借した遼東半島の先端部（旅順・大連地区）を関東州と名づけ、そこを管轄する関東都督府という役所を1906年に旅順に設置しました。

また、ポーツマス講和条約の結果、日本政府は、ロシアが建設した東清鉄道の南満州支線（長春〜旅順）をロシアから譲渡されました。この鉄道は1906年には半官半民の国策会社・南満州鉄道会社（満鉄）となりました。…中略…

日本は、日露戦争で獲得した関東州と南満州鉄道という大きな権益を守るために、関東州に守備隊を設置しました。守備隊は1919年に関東都督府が関東庁に改組された際、関東軍という名称になり（司令官は陸軍中・大将）、天皇に直属する有力な部隊となりました。関東州・満鉄・関東軍は日本保有する満蒙（まんもう）（中国東北地方と内モンゴル）特殊権益の三本柱となりました」(1)。

獣研創設と満鉄傘下の12年

解題・奉天獣疫研究所(2)は、「『南満州鉄道株式会社』は1907年4月、関東州大連市に本社を設置のうえ開業した。関東州の行政は関東州長官の下に行われたが、鉄道沿線付属地*1の治安と外交は領事館及び駐屯地司令官であったが一般行政は、満鉄に委任される（満鉄地方部）のであった。

満鉄は営利を目的とする株式会社であると同時に中国大陸における日本政府権益を守る特殊会社であった。従って鉄道輸送・収益向上のためには、当時の満州全土が農業国であるため、農産物の増進を図ることが急務であった。（中略）満鉄本社は、農事試験場を公主嶺に設置し10年を経過した。その結果、農業部門では一定の成果を上げ得たものの、農業生産を阻害している要因として、太古以来の各家畜伝染病が無防備のまま放置されている」と、当時の満洲は経済的にみて家畜の生産は適しているいっぽうで、鼻疽、炭疽*2、牛疫*3をはじめとする多くの家畜伝染病が流行していました。

このような情況を背景に、若干の紆余曲折を経て1925年10月、北海道帝国大学農学部・葛西勝彌教授を所長（事務取扱）に迎え、満鉄の付属研究機関として奉天駅の西北約1.5 kmの鉄道付属地に正式に創設されました。奉天は現在の瀋陽です。

獣研は、炭疽、鼻疽、牛疫の外に、豚コレラ*4、家禽コレラ*5、豚疫*6、牛肺疫*7、ひな白痢*8、狂犬病などの家畜伝染病を研究対象に掲げ、研究科に所属する細菌、寄生虫、生物化学、鼻疽および病理の各研究室で調査・研究を、事業科で各種の予防液（ワクチン）、診断血清、ツベルクリンとマレイン診断液*9などの製造と鼻疽血清診断の業務を行うことになりました。

研究科における鼻疽研究の担当は、技術員・持田勇、そして事業科でマレイン診断液の製造と鼻疽血清診断の担当は、技術員・豊島武夫でした。このように鼻疽の部門は研究と製造・診断業務の2つに分かれ、両実験室で共に鼻疽菌を扱っています。

創設直後における獣研の雰囲気は、「研究首脳陣は、20歳後半から30歳前半で占められ、これに当時、中等学校出身者の獣医師有資格者を全国より採用して研究スタッフに加えた。かくて有史以来科学的メスを入れられなかった満蒙大陸により家畜伝染病撲滅を主柱としながらも、真理探究につとめ、祖国と中国人民に貢献すべき活動が展開されるのであった。ただ日本本土と異なる点は、家畜飼育等々の労務的なことはすべて現地中国人に依存することから、言語・習慣等々否応なしに今日でいう国際交流・親善の必要性に迫られるのである。さらに、満鉄経営以来20年の歴史はあるといえ、在満邦人の平均的感覚は、日清・日露・日独（第１次世界大戦）戦争勝利としての他動的誇りとおごりを背景にし、いわれなき優越感をもっていたことは歪めない」「しかしそれは、日本の権益被護（庇護）の下にある関東州及満鉄付属地内のことであり、一歩中国政権下にある付属地外では、パスポート等の使用なく自由であったが、昭和７年の満州国成立までは、全くの外国人扱いであった。しかも、在満州駐屯軍人の恣意的行動（例えば張作霖元帥列車爆破等）や中国本土に対する主権侵害的な諸行動による中国民衆による『排日行動』のあるときは、付属地外の行動は慎重を極めるのであった」(3) と、獣研所員が抱える複雑な状況が語られています。

また、獣研の研究活動は、「若き研究者は、それぞれの初体験とも言うべき（日本本土でみない各種伝染病）テーマにとりくみ、毎月１回の研究交流を兼ねた抄読会、数年後より定例の学術集談会開催、（中略）朝鮮総督府釜山血清製造所＊10 スタッフとの交流等々を重ねた」と、さらに、「葛西所長は、創立以来念願であった『内鮮満家畜防疫会議』の開催にこぎつけた。後年さ

1936.昭11　冬の獣研玄関（写真は伊藤定隆）

奉天獣疫研究所
（『回想・奉天獣研20年』11ページ）

らに中国及びソ連を含む『東亜家畜防疫会議』等々に発展し、今日でいう『地球規模の防疫会議』へと開花く（花開く）のであった。しかし、この花も残念ながら世界から孤立した満州国成立によって第1回で中断するのであった」(4) と、研究機関らしい学術的な雰囲気と開かれた研究活動の一端がうかがわれます。

獣研の鼻疽研究と鼻疽診断液の製造

獣研の要覧から「鼻疽に関する調査研究」(5) の概要を引用します。

1. 鼻疽の発生・流行調査

「鼻疽は公衆並び畜獣衛生上最も危険なる伝染病にして、満蒙到るところ馬属に広く蔓延し感染また少なからず。したがって馬匹改良増殖上の一大障碍たるは勿論、またわが駐満軍馬は固より一般馬車乗客に至るまでその接触の機会多きに鑑み、厳重これを取締ると共に充分予防制遏策を講ずる必要あり。当所は創立以来夙に機会ある毎に各地に於ける鼻疽の発生流行状況調査に務め来たれり。本症の多くは所謂潜伏性及至慢性型を呈するも時に急劇なる伝播を見ることに希ならず。現に昭和5年（注：1930年）4月北大営に於ける張学良軍の軍馬に本症発生の際の如き僅々1、2カ月中に776頭中の馬群418頭を失ひ、又同7年11月東大営の満州国中央訓練処に爆発を見、約1カ月間に隊馬479頭中292頭を斃し、教育上岱支障を蒙りたるが如き実例あり」と、満州における鼻疽の発生・流行の激しい被害状況を伝え、創立当初の獣研が、積極的に鼻疽の野外診断・調査にかかわっている様子がわかります。

また、満州軍閥の張学良（注：張作霖の息子）軍の軍馬に鼻疽の発生があったことを記しています。このことは、第1章で引用した山際三郎の講演記録の中に述べられており、当時の調査の様子(6) を以下に引用します。

*

「私共の研究所が10年前に、創設せられました頃は、今と違いまして、防疫のこと等考えるのはおろか、実情調査に一方ならぬ苦心をしていました。昭和２年秋、手始めに関東庁を動かし、その手伝いをして、大連市内客用馬車馬の鼻疽検疫を致しましたところ、1368頭中18頭、すなわち1.31％の鼻疽馬を発見したのでありますが、当時何等この方面に知識のない馬夫達から、甚だしく嫌われましたのは勿論で、馬の次はきっと自分達を検査して、病気の奴は馬のように殺して仕舞うのだ、等という流言？　が飛びまして、暮夜多勢の者が沙河口の裏山に逃げ隠れたなどというエピソードまで生んだのであります。（中略）大連市の客馬車の馬につきましては。昭和６年に、再度検疫を実施致しまして、1315頭中25頭、すなわち1.9％の罹患を証明致しました。昨年の検査では、約0.2％にまで減少致した様でありますが、未だまだ油断ならぬのであります。これに比してわが奉天では城内のみならず周圍地帯との関係もありまして、未だ１回も検疫が施行されておらぬのでありますが、守備隊司令部の概算では、約20％、即ち100頭のうちに20頭、鼻疽に罹っておるとの事であります。昭和５年４月には、張学良が鼻疽で閉口し切って泣きこんで参ったものであります。彼の軍馬に鼻疽で斃れるものが続出した為なのでありますが、もちろん鼻疽の知識等少しも無いのであります。その時の調査では778頭中、418頭、すなわち、54％まで鼻疽に罹っておりましたがそれまで我慢する『没法子（注：メーファーズ、しょうがない)』思想もここに至ると腹が立つのでありました。勿論武士のなさけで、懇切に防疫の対策を講じて進ぜたのでありますが、私共もこの機会に、甚しく鼻疽知見を拡充いたしたのでした」

2. 鼻疽の診断法に関する研究

マレイン診断液を用いる点眼反応の診断に加えて、血清を用いた補体結合反応と凝集反応を併用した総合判定の必要性を推奨しています。また、診断に用いる血清を56℃、30分の前処理（非働化）の必要性を述べています。

3. 鼻疽菌の細菌学的研究

野外から分離したさまざまな鼻疽菌について、菌株の変異様式と鼻疽菌の毒力との関連性を追求しています。

4. マレインの精製に関する研究

鼻疽診断液に用いるマレイン（培養した鼻疽菌から抽出された蛋白質）は、糖蛋白に類似した物質と同定しています。

次に、1928 年から 1937 年まで、要覧に掲載されている鼻疽に関する発表論文の内容を検討しました。表 1 に示したように、合計 17 報が獣疫研究所研究報告、日本獣医学会雑誌、満州獣医畜産学会雑誌などに掲載されています。表題から研究内容を仕分けると、1931 年の伊地知氏の感染事例報告（第 3 章）を除けば、研究成果のほぼ半数（8 報）は鼻疽の血清診断法とマレインの精製など診断技術の改良につながる研究です。

表 1　鼻疽研究論文の内容

研究内容	論文数
発生・流行調査	2
病理	1
鼻疽菌の性状	3
マレイン	5
血清診断法	3
マウスの感染試験	1
ヒトの感染事例*	2
計	17

*：ヒトの感染事例は、1931 年 5 月、獣研の技術員・伊地知季弘氏が鼻疽菌を扱う実験中に感染・発病し、殉職した時の診断、病歴、病理解剖などに関連した論文です。

いっぽう、事業科におけるマレイン診断液の製造・販売量は表 2 に示すように 1930 年と 1935 年の製造・販売量がいずれも 1 万ccに達し、「これら製品の需要は……逐年増加を示し、殊に満州国の基礎愈愈固きを加えるとともに激増を見るに至れり」[7] と、マレイン診断液の製造量の推移から満州における鼻疽の防疫対策が進んでいることがうかがわれます。

表2　マレイン診断液の製造・販売量（c.c.）

1926	1927	1928	1929	1930	1931	1932	1933	1934	1935
410	1,430	635	2,370	10,020	6,780	5,115	4,920	8,485	10,455

獣研をとりまく政治・軍事情勢の変化

1930年代に入ると満州の情勢は急激な変化にみまわれました。とくに1931年、関東軍の謀略による満州事変の開始は、やがて日中戦争につながる世界史の転換点となる大事件でした。

*

「1931年9月18日、中国東北地方の奉天（現在の瀋陽）近郊・柳条湖（りゅうじょうこ）において関東軍の手によって南満州鉄道（満鉄）の線路が爆破されました。関東軍は、この事件を中国兵による日本権益侵害であると称して、中国軍（張学良軍）にたいする軍事行動を開始、翌32年初頭までに満州全土（遼寧（りょうねい）・吉林（きつりん）・黒竜江（こくりゅうこう）の3省）をほぼ制圧しました。当初は不拡大方針をとっていた日本政府も、結局は関東軍の行動を容認しました。

満州事変は、発端の鉄道爆破から日本軍の出動、治安維持・邦人保護を口実にした満州の制圧まで『満蒙』（中国東北地方と内モンゴル）を武力占領しようとした関東軍の計画的軍事行動でした。関東軍は、当初、『満蒙』の日本併合をめざしましたが、国際連盟や諸外国の批判をかわすために、みずからの武力占領を『自治独立運動』の結果であるかのように偽装し『満州国』を建国する方針へと転換しました」(8)。

次いで「満州国」の建国は、「1932年1月には上海においても陸軍特務機関による謀略（日本人僧侶殺害）をきっかけに日中両軍が衝突しました（第1次上海事変）。この頃まで満州の主要都市の占領は終わり、関東軍は1932年3月には旧清朝の廃帝・愛新覚羅溥儀（あいしんかくらふぎ）をかつぎだして『満州国』を建国させました。『満州国』は溥儀を執政（のち皇帝）にすえ、『五族協和』『王道楽土』をスローガンにして建国されましたが、関東軍と日本人官僚によって支配された完全な傀儡（かいらい）国家でした」(9)。「形式上の最高行政機関である国務院の政策決定に際しては、総務庁による事前の決定だけでなく、関東軍の承認が不可欠とされていました。このように『満州国』は日本人官僚と日本軍人が実質的に支配していた国家でした」[10]。

そして『続・回想』は、「1932年3月1日、日本政府は遂に『満州国成立宣言』、さらに1934年3月1日、清朝最後の皇帝『宣統帝・溥儀』を皇帝とする『満州帝国』を樹立した。そして建国宣言として日本・蒙古・満州及び中国民族による『五族協和』、『王道楽土』、及び『共存共栄』を高らかに謳(うた)うのであった。（中略）しかし、それは『古語』にいう『羊頭狗肉』そのものであった。皇帝も、五族協和も単なるスローガンであり、実質的には満州国におけるすべての機関及び3千万民衆は、武力を背景とした関東軍司令官の下に統率され、皇帝も中国人（当時は満州人又は満人と呼称）が首長である国務院総理（首相）、各大臣、各省、県・市町村の他、満州国立機関・公社・公団などに至るまでアクセサリー的存在で、（中略）それぞれの首長の下の『次長』という名の日系官公吏による支配体制が満州国崩壊までつづくのである」[11]と、実態を痛烈に批判しています。なお、「満州国」による植民地支配については、山田朗「満州事変と『満州国』の実態」[12]も参照しています。

満州における軍馬の鼻疽汚染

満州における鼻疽の感染状況は、“次々と判明して行く満州の鼻疽濃染状態には、全く目を廻してしまったのであります”（山際三郎・講演）[13]という状況です。以下、その実態を引用します。

*

「世は満州事変後に進むとともに、我々は、次々と判明して行く満州の鼻疽濃染状態には、全く目を廻してしまったのであります。昭和7年から8年（注：1932年から33年）にかけて、東大營にある満州国某隊に、鼻疽が発見されまして、500頭近くの軍馬が殆んど全滅の悲命に遭遇したのであります。このように猛烈な蔓延原因の原因は研究が不十分な点があり、にわかに判定は困難でありますが、病勢がそうさせたのでなく、恐らく防疫不徹底のため、すなわち人為的所産であると考えられます。

最近は、満州国軍、満州国馬政局やわが皇軍の手によりまして、かなり克明に満州国内鼻疽蔓延状況が判明してまいりましたが、いよいよもって慄然(りつぜん)たるをえないのであります。例えば、朝陽駐在満軍軍馬、1300頭中、55％は鼻疽馬、または疑似馬であったと申します。農場では、ハイラル地方などでは30％が鼻疽に罹っており、新京市の調査では市内の馬匹の15％が鼻疽馬だということであります。全く開いた口が塞(ふさ)がらないとはこのことです。また奉天にある満軍第１軍管区の馬匹700頭中、毎月平均20頭は、鼻疽で斃れ、また撲殺しているわけで、昨年３月の大処分後は、それでも鼻疽疑似23％、陽性23％というところまで改善した！　ということであります。皇軍軍馬の状態は、日本産馬には平均0.04％、満州産馬には平均７％の鼻疽があり、現在まで120頭鼻疽で斃れ、260頭を屠殺しています。友邦軍馬の惨状は、誠に見過ごしに堪えぬ次第であります。余り悲惨な状態で、皆様嘸(さぞ)打(だ)驚かれた事でございませうが、欧米先進国に於いても、これに似た話はたくさんあるのでありますが、但しこれは、前世紀のお話草であることと、御承知願ひたいのです」

上記以外に当時の鼻疽の汚染状況の報告は、槇村浩の「北満に於ける鼻疽の観察」(14) があります。

鼻疽の新たな研究態勢の確立へ

上記のような情勢の下で鼻疽の驚くべき汚染状況に直面した獣研は、軍馬の野外診断を実施し満州軍馬の感染率が高いため、鼻疽の予防と治療法に関する具体的な研究を一定の組織で急ぐ必要があると考えていました。

「満州事変発生以来軍部の依頼により当所に於いて日満軍馬約10,000頭につき実施せる鼻疽血清診断上の成績に徴するも、満州馬に於ける感染率は相当濃厚なることを認めたり。従って本症の予防及治療法に関し一定組織の下に具体的研究を行ふことは一大急務なりと信ず」(15) と、獣研の沿革のなかに記述されています。

山際の講演内容からも新たな研究態勢を確立することは当然の成り行きと思われます。しかし、問題の本質は鼻疽研究の進展具合と新たな研究態勢の方針をどう調整していくかが重要と思われます。

表1に示したように獣研創立以来、鼻疽研究の課題をみると「予防と治療法」に関するものはまったくありません。持田が1935年7月に発表した「鼻疽感染試験」[16] が唯一、「予防と治療法」の研究に進展する可能性が示唆されます。そのため、持田の研究が新たな課題に取り組むひとつのきっかけになっていくような気がします。

さらに獣研創設以来約10年間、鼻疽診断法は改良研究を積み重ね、その成果を野外に応用した検査成績（調査結果）によって、獣研は満州における鼻疽の流行実態をほぼ把握できていた[17] と思われます。

いっぽう「満州国」の行政当局（馬政局）が、実態調査に基づいて鼻疽の防疫対策を行政的に具体化しようとする場合、常に戦争状態にある満州ではさまざまな阻害要因が生じ、恐らく充分に進展できないようにも思われます。

このような客観情勢の下で、鼻疽菌の性状からくる基礎研究の難しさと鼻疽の病態を充分に理解できない為政者（関東軍参謀や「満州国」官僚など）は、「予防と治療法」の研究が“唯一、早急に成果が期待できる課題”と期待感をいだいて、急速に浮上するきっかけになることも予想されます。

第1章で解説したように、鼻疽の「予防と治療法」研究は“永遠の目標”であり、鼻疽の病態からして簡単に実現することなど考えられません。1935年の「満州に於ける鼻疽研究の現況竝に鼻疽蔓延の実情」の座談会記録でも実験動物のモルモットを用いた感染試験が期待するような結果がまったく得られていない[18] ことからもうかがわれます。

なぜこの時期に「予防と治療法」の研究を急がねばならなかったのか、次章で取り上げる2度目の実験室内感染の伏線につながるような気がします。

獣研の大陸科学院移管と馬疫研究の移譲

鼻疽の新たな研究態勢確立の動きと並行するように、「満州国」大陸科学院*11の創設に伴い、獣研をその傘下の研究機関に移管する動きがおきました。獣研の馬の伝染病（炭疽と鼻疽）研究は、具体的に馬疫研究処を設立して、そこに移譲する形が表面化します。

『続・回想』は、研究所（処）間のすみ分けをめぐり、関東軍の圧力がかかった経緯(19)を以下のように述べています。

「昭和12年7月の日中全面戦争に先立って、満州国は関東軍の要請により満州国大陸科学院創設にあたりその所管としての『馬疫研究処』を現長春市に開設し、馬における伝染病一切を扱うとの至上命令を出し、獣疫研究所が果たしてきた馬関係部門の割譲がもとめられた。結果として『炭疽病関係』はすべて移管、『馬鼻疽関係』では、そのノウハウを認めて獣研鼻疽研究室を残し、研究職員を『馬疫研究処職員併任』することで決着した。もちろん馬疫研究処独自で鼻疽研究を行うのであった」

馬疫研究処設立（1937年2月）から約1年後の1938年4月、獣研は満鉄付属から「満州国」大陸科学院傘下の研究機関に移管されました。研究室体制は、細菌、病毒、病理、化学、および寄生動物の5研究室に再編されました。

移管の結果、獣研の雰囲気はどのようになったでしょうか。『回想』は、「この移管によって必然的に研究分掌にも影響が生じた。即ち、馬に関する疾病の研究や事業、もっと具体的には鼻疽の研究、マレインの製造、あるいは馬を対象とする炭疽の血清や予防液の製造は新京の馬疫研究所処に移管することになった。従って、獣研では馬を除く牛以外の諸動物が研究と薬品製造の対象とされるようになり、どうしても奉天（注：獣研）でこの禁域内の研究に手を染める場合、少なくとも新京の同処と業務の発令をうけてその指示に置かれる事態となるのであった。研究の自由を宿願としてきた自尊心が多少損なわれはしたが、設定当初より継承されてきたアカデミー精神は何ら変更することなく（以下略）」[20] と述べています。

この文章に書かれていた「禁域内の研究」とは、ごく普通に考えれば馬の伝染病の研究と思われます。しかしうがって考えれば、それは“軍事研究”をさしていたのか、それとも当時の時代背景に単に皮肉をこめていたのか、非常に微妙な表現と思われます。

解説

＊1：　鉄道付属地は、列強が鉄道を敷設、経営するにあたって必要な鉄道沿線を特権的に使用できる土地で、駅舎と駅構内、鉄道関係者が居住する広大な地域、鉄道修理工場建設地、鉄道守備隊駐屯地など、合わせると広大な土地となります。とくに駅を中心とする広大な付属地は鉄道関係者以外の多くの日本人が移住してきて日本人居留地となり、鉄道沿線地域への植民地経営の拠点になりました[21]。

＊2：　炭疽は、好気性、グラム陽性、芽胞形成、桿菌である炭疽菌によって、牛、馬、羊などの草食動物に急性敗血症を引き起こす家畜伝染病です。潜伏期は1～5日と考えられています。感受性動物の範囲は広く、雑食、肉食動物を問わず多くの野生動物が感染し、重篤な病気が引き起こされます。アフリカでは野生のカバで大流行したことがあります。炭疽に感染した牛や豚の肉を食べたり、接触したりするとヒトへの感染が起こる人獣共通感染症です。全世界に存在し、公衆衛生上の極めて重要な疾病です。

1876年、コッホが感染動物からはじめて炭疽菌の純粋培養に成功し、この分離菌を用いて実験感染をおこない、炭疽の病態を明らかにしました（コッホの3原則）。その後1877年、パスツールによって炭疽菌の弱毒生ワクチンが開発され、予防接種に成功しています。これらのことから、炭疽は細菌学の歴史上の有名な疾病です。

炭疽菌は、通常の栄養型と芽胞型の2つの形態がとれます。周囲の環境が高温や乾燥状態になると芽胞型として長期間生残し、例えば、干ばつ、洪水、長雨などの異常気象の後にこの芽胞型が土の表面にあらわれ、泥のなかで増殖します。

芽胞型は、熱、化学物質、pH、紫外線などに抵抗性で、少なくとも数十年間、土壌や皮革などの動物製品などに存在することができ、感染源となります。芽胞型が生体内（肺や傷口など）に侵入すると、発芽し栄養型として増殖し、毒素を作り病気を起こします。栄養型の炭疽菌は芽胞型に比べると、高温、乾燥、消毒に弱く簡単に殺菌できます。感染した動物の血液、体液、死体などが地表や体表を汚染し、栄養型は再び芽胞型となり、土壌を汚染します。

炭疽菌には病原因子として莢膜と外毒素があります。莢膜は細菌の外側をとりまいている粘液質です。莢膜を持つ炭疽菌はヒトの防御機構に重要な役割を持つマクロファージに抵抗性で、逆に莢膜を持たない炭疽菌はヒトに病気を起こすことができません。

詳しくは国立感染症研究所のホームページ（https://www.niid.go.jp/niid/ja/kansennohanashi/435-anthrax-intro.html、2019年10月最終閲覧）を参照。

＊3：　牛疫は古代から世界中に知れわたる牛のペストと呼ばれる急性の致死性感染病で、原因は牛疫ウイルスです。家畜は牛以外にめん羊、山羊、豚が感染します。18世紀に世界で2億頭の牛が死亡し、その対策が近代獣医学発展の契機となりました。19世紀に牛疫は世界中に広がり、戦前の満州は汚染国でした。

20世紀の初めから牛疫ワクチンの開発研究が進展し、日本も朝鮮総督府釜山血清製造所を中心に研究が進められ、1922年、朝鮮半島・中朝国境に免疫地帯（幅20km、長さ1,200km）を構築し、すべての牛に「蠣崎の不活化ワクチン」を接種しました。

21世紀に入り2010年世界で10年間発生がなかったため、牛疫は世界から撲滅されたことが確認されました。2011年6月、FAO総会で正式に世界牛疫撲滅宣言が行われました。「牛疫の撲滅」は世界の動物疾病で最初です。ヒトの天然痘撲滅（1980年）に次ぐ感染症対策の偉大な成果といえます。詳しくは、山内一也（2010）「牛疫根絶への歩みと日本の寄与」日本獣医師会雑誌63、649－654を参照。

＊4：　豚の法定伝染病でclassical swine fever（CSF）とよぶ疾病で、ヒトのコレラとは別の病気です。病原体は豚コレラウイルスで、高熱、後躯麻痺（脳炎）、下痢、脳炎を起こし、大腸粘膜のボタン状潰瘍を特徴とします。生ワクチンで予防できますが、伝染力が極めて大きく、また野生イノシシも感染するので根絶がむずかしい疾病です。日本では2006年に本病の撲滅に成功し、OIEから豚コレラの清浄国として認定されていました。しかし、近年再発生し、三重県、愛知県、岐阜県、長野県、福井県、滋賀県、大阪府、埼玉県の農場ばかりでなく、野生のイノシシの間でも感染が拡大しています。詳しくは、農林水産省のホームページ（http://www.maff.go.jp/j/syouan/douei/csf/、2019年10月最終閲覧）と動物衛生研究部門の豚コレラ解説（http://www.naro.affrc.go.jp/laboratory/niah/swine_fever/explanation/classical_swine_fever/019953.html、2019年10月最終閲覧）を参照。

＊5：　細菌の*Pasteurella multocida*の感染により種々の鳥類に発生する伝染病です。アジア、アフリカ、中近東、欧米諸国で発生がみられます。日本でも種々の鳥類に発生がみられていますが、家禽の発生は1954年以降ありません。詳しくは、家畜疾病図鑑Web（http://www.naro.affrc.go.jp/org/niah/disease_dictionary/houtei/k23.html、2019年10月最終閲覧）を参照。

＊6：　現在は使われていない病名で、細菌の*Pasteurella multocida*の感染により

発生する豚の伝染病です。

＊７：　牛肺疫は、牛肺疫マイコプラズマによる急性の致死性感染症で牛や水牛、鹿の法定伝染病です。現在、アフリカ大陸を中心に中東や東南アジアで発生し、日本では1940年を最後に発生がありません。急性型は、感染動物は40度を超える発熱と呼吸困難、発咳、鼻汁漏出などの呼吸器症状を示し、食欲や元気を失って死亡します。致死率は50％以上になることもあります。感染動物の鼻汁や気管粘液には病原体が大量に含まれ、接触あるいは飛沫（ひまつ）吸入により気道感染するため伝染力は極めて高く、いっぽう慢性感染は健康状態、栄養状態、飼養環境の変化などのストレスを受けた場合に発症します。これらは保菌動物となり数カ月間にわたり持続感染し、他の個体へ感染を広げます。詳しくは家畜疾病図鑑Web（http://www.naro.affrc.go.jp/org/niah/disease_dictionary/houtei/k02.html、2019年10月最終閲覧）を参照。

＊８：　家禽のサルモネラ感染症で庭先養鶏の時代の疾病。ひな白痢は幼雛に発生が多く、介卵感染した場合はふ化直後から、ふ化後同居感染した場合は２～３日後から、いずれの場合も10日齢前後をピークに敗血症、灰白色の下痢（総排泄腔の汚れ）、元気消失、食欲低下、羽毛の逆立ち、嗜眠などの症状を呈し、死亡することが多い疾病です。詳しくは家畜疾病図鑑Web（http://www.naro.affrc.go.jp/org/niah/disease_dictionary/houtei/k27.html、2019年10月最終閲覧）を参照。

＊９：　鼻疽診断に用いるマレイン診断液は、鼻疽菌を４％グリセリンブイヨンで３週間培養した後に、濃縮し、健康な馬と鼻疽感染馬で効力検定を行います。その結果に準じて希釈されたものがマレイン診断液になります。

＊10：　1911年に設立された農商務省牛疫血清製造所が1918年に朝鮮総督府獣疫血清製造所となり、主に牛疫ワクチンの製造を行っていました。中村稕治がウサギに300代継代し家兎に順化させた牛疫ウイルスの生ワクチンは、戦後、東アジアの牛疫撲滅に貢献しました。

＊11：　1935年、新京に設立された「満洲国」の総合的科学研究機関。資源開発および満洲に適した技術の育成と産業の振興を設置目的としています。廣重徹は「国家経営の専門技術者たる官僚（当時の『革新官僚』とよばれた）にとって、国家統制計画の実験場の役をはたしたのである。日本ではなかなか実現できなかった科学動員体制の試みであった」(22) としています。

引用文献

(1)　大日方純夫・山田朗・山田敬男・吉田裕（2009）『日本の近現代史をよむ　大陸経営の始まり―支那駐屯軍と関東州・満鉄・関東軍―』新日本出版社、61－62

(2)　富岡秀義編（1994）『続・回想奉天獣研20年』21－23

(3)　同上、23－24

(4)　同上、24

(5)　富岡秀義編（1993）『回想・奉天獣研 20 年』88－90
(6)　山際三郎（1936）「殉職せられたる英霊を弔いて鼻疽を語る」満州獣医畜産学会雑誌 18、306－307
(7)　富岡秀義編（1993）『回想・奉天獣研 20 年』98
(8)　大日方純夫・山田朗・山田敬男・吉田裕（2009）『日本の近現代史をよむ　世界史の転換点になった満州事変』新日本出版社、99
(9)　大日方純夫・山田朗・山田敬男・吉田裕（2009）『日本の近現代史をよむ「満州国」の建国』新日本出版社、100
(10)　大日方純夫・山田朗・山田敬男・吉田裕（2009）『日本の近現代史をよむ　日本軍人・官僚による支配』新日本出版社、117
(11)　富岡秀義編（1994）『続・回想奉天獣研 20 年』25
(12)　山田朗（2017）「満州事変と『満州国』の実態」『日本の戦争　歴史認識と戦争責任』新日本出版社、59－65
(13)　山際三郎（1936）「殉職せられたる英霊を弔いて鼻疽を語る」満州獣医畜産学会雑誌 18、307－308
(14)　槇村浩（1934）「北満に於ける鼻疽の観察」中央獣医学雑誌 47（3）、183－193
(15)　富岡秀義編（1993）『回想・奉天獣研 20 年』88
(16)　持田勇（1935）「マウスに於ける鼻疽感染並免疫試験」（1）鼻疽感染試験、満州獣医畜産学会雑誌 17、583－596
(17)　持田勇・故豊島武夫（1938）「鼻疽血清反応の統計学的観察　主として昭和 11・12 年に於ける成績に就いて」満州獣医畜産学会雑誌 20、1－66
(18)　座談会（1935）「満州に於ける鼻疽研究の現況竝に鼻疽蔓延の実情」満州獣医畜産学会雑誌 17、738
(19)　富岡秀義編（1994）『続・回想奉天獣研 20 年』26
(20)　富岡秀義編（1993）『回想・奉天獣研 20 年』251
(21)　笠原十九司（2017）『日中戦争全史（上)』高文研、110
(22)　廣重徹（1972）『科学の社会史』中央公論社、146

第3章

鼻疽の実験室内感染と新聞報道

獣研は、鼻疽による研究者の実験室内感染を2度（1931年と1936年）経験しています。その時期は、1931年の満州事変から「満州国」建国、そして1937年7月の日中戦争（盧溝橋事件）開始直前までの激動の時代です。

感染事故の関連資料（獣疫研究所第Ⅱ次と第Ⅴ次研究報告、満鉄社員会機関誌『協和』52号など）[(1)] が、『回想』に45ページをさいて掲載されています。

資料を詳しく分析する前に、先の山際三郎・講演記録からヒトの鼻疽感染の部分[(2)] を要約して紹介します。

*

「人間が鼻疽に罹りにくいものであることは、すでにもうし述べました。臨床所見は馬の場合と非常に似ており、熱発皮膚の膿疹と潰瘍、肺炎、末期には鼻粘膜潰瘍、筋肉、睾丸および関節膿瘍等です。死亡率は100％、慢性例では30から50％。診断はマレイン反応、血液検査。感染は馬から直接に滲出物、または膿に触れ、間接に雑巾、水槽を介して行われます。つまり全くの職業病で、御者、馬夫、獣医、皮剥、蹄鉄工等などです。また非常に稀なのですが、鼻疽馬の肉を食べて感染した例もあります。ここで2、3特異罹患例を御紹介もうします。ある毛皮商が、未加工の虎の爪でひっかいて、鼻疽に罹って死亡した例。また非常に稀ではありますが、確実に鼻疽馬の肉を食べて感染した例もあります。なお稀なのは、人間から人間への感染であります。（中略）

最後にはどうしても、実験室感染の事について物語らねばなりません。外国で実験室感染で報告されている例は少なく、最近ではパスツール研究でトルコの学生が犠牲になっています。私共不幸にして3名の優秀な学界の同志の本病感染を目撃したのでありまして、筆舌に盡（つく）し難き悲痛の念に打たるるのであります。

昨日まで親しく談笑しておった学究の友が、突然不快を覚えはじめ、続く筋炎様局所の発見となり、私は2、3の友人と付添ひて大学病院を訪れ、手術の首尾に心痛めたのでありました。のみならず、局所切開の時作られた標本を、鏡下に、震ふ心、否定したき念に馳(はせ)られつつもなお、目に映る鼻疽菌を眺めなければならなかったのであります。何たる悲惨な心境でありませうか。伊地知君（注：1931年の最初の感染者）の場合は、彼が、病症月餘、日夜襲ふ肉体的苦悩と戦ひぬきつつ、傍(かたわ)らの我等を省みて、身自ら学問の犠牲となりて行く本懐を述べて、我等を悲ませ、又励ませたのでありました。豊島君と古賀君はともに、一言も鼻疽の事には触れず、何等の不安を訴へる事もなく、専念身を医療に委せておったのでありますが、之亦(これまた)、私共にとりて堪へ難き悲嘆と、教訓で無くて、何でありましたろうか。後に残されし我等亦(また)、心に、千萬軍と雖(いえども)我行かん、の志をふるひ起さしめらるるのを今覚えるのであります。遮莫(しゃばく)、死の床にありて『人間の罹り得る疾病で最も苦痛を極めたる経験』を味ひて行かれたのが、正しく我等の3君であります。精神的苦痛は言ふも更なりでありますが、肉体的の苦痛は全く尋常一様でないのであります。（以下略）」

伊地知季弘氏の感染・殉職（1931年5月）

技術員・伊地知季弘氏（33歳・日本獣医学校卒業）は、獣研の事業科で鼻疽の血清診断とマレイン製造などを担当する職員でした。

研究所の第Ⅱ次研究報告は、「伊地知季弘君ノ殉職ノ弔辞」、履歴、病歴、葬儀、遺骸剖検記録を掲載、さらに満鉄の機関誌『協和』52号は経過と本人の覚悟、臨終の模様、遺骸の解剖および葬儀、本人の略歴・遺族などについて詳細に記載しています。

弔辞の冒頭は、「満蒙ハ鼻疽ノ常在地ニシテ到ル處(ところ)馬匹ニ之ガ感染発症ヲ見ル（中略）余等ハ先ズ『満蒙ニ於ケル鼻疽ノ撲滅』ヲ當所ノ一大使命ト為シ、ソノ根本解決策トシテ爾来(じらい)鋭意本症ノ病原鼻疽菌ノ基礎的研究ニ没頭シ来ツタ」と、すなわち「満蒙における鼻疽の撲滅が研究所の使命と考え、これまで基礎的研究に集中してきた」と、研究の背景が説明されています。

満鉄社員会の機関誌『協和』は、感染の経路について言及し、「直接原因は不明なるも同氏は数年来同研究所に於ける鼻疽研究助手とし、（中略）野外に於ける本病流行に際し之が防検疫に助力し、又実験室に在っては常々病原菌の培養及動物試験等を補佐した。尚最近3月下旬から鼻疽生菌の濾過（ろか）に当たった事もあるが、果たして其の何れより感染せしや詳かでない」と、伊地知氏の日常的な業務（鼻疽菌のろ過に従事したというきわめて危険な様子など）を伝えていますが、直接の感染原因は不明としています。

豊島武夫氏と古賀為三郎氏の感染・殉職（1936年1月・2月）

伊地知季弘氏の感染・殉職から約5年弱が経過した獣研で再び鼻疽の実験室内感染がおきました。技術員・豊島武夫氏（42歳・東京帝国大学獣医実科卒業、獣疫調査所出身）と助手・古賀為三郎氏（29歳・日本獣医学校卒業、北里研究所出身）は、共に事業科に所属する職員でした。

研究所の第Ⅴ次研究報告は、両氏の殉職について弔辞の冒頭で、「鼻疽ハ満州ニ廣ク蔓延シ（中略）満州国産業竝（ならび）ニ国防上ノ一大支障タルノミナラズ、満州国在住民ノ生命ニ對シ不断ノ脅威ヲ興ヘツツアリ、従テ鼻疽ノ撲滅ハ満州国ノ建設ニ當（あたり）リ極メテ重要、且ツ緊急ヲ要スル問題ナリ」と、「鼻疽の蔓延は満州国の産業と国防上の支障となっており、鼻疽の撲滅は緊急を要する問題」との表現に、伊地知季弘氏の弔辞とは微妙に異なる情勢認識の変化が感じられます。

さらに『続・回想』は「痛恨・研究中殉職3氏」[(3)] の見出しで、「研究所にとっては、避けがたい惨事であり、痛恨の極みとする（中略）満鉄本社及び研究所は『研究中における尊（とうと）い犠牲』とし最高の殉職者として葬送した（中略）再度にわたるできごとから、研究設備の再検討が迫られ、とりわけ、人獣共通伝染病研究室の根本的整備充実と研究者の自戒をおこなったことは言うまでもない」と鼻疽の実験室内感染に言及しています。

“研究所にとっては、避けがたい惨事”という表現が、なにか微妙に気になります。それは“鼻疽菌を扱う研究は常に感染の危険を伴うから、担当者は生命をかけて仕事に従事しなければならない”との意が込められているようにも感じられます。

筆者はこれまで病原微生物を扱ってきた研究者の１人として、このような危険な研究に従事することをそのままに受け入れることはできないような気がします。

戦後の家畜衛生試験場は、恐らく獣研の鼻疽の実験室内感染の教訓を生かし、弱毒株を含めて鼻疽菌を取り扱うことは一切ありませんでした。現在ではさらに危険な病原体を扱う場合、厳重な隔離施設と安全対策（バイオハザードの防止）がなによりも最優先されています。

２度目の事故の場合、５年前の事故の教訓がどのような形で生かされていたのかが大切です。1935年に独立した新しい鼻疽実験室の建物（隔離実験棟）が作られたことが、少なくとも設備面で最初の事故の教訓が生かされたようにも思われます。しかし、実際にはその建物で２度目の事故が起きています。

さらに、山際三郎の講演記録を読むと、研究者の学究的な態度と不撓不屈の精神のみが強調されています。史料としてその部分[4]を紹介します。

＊

「私共ここに特に銘記致したいのは、斯（か）くも今日専門家の間に多大なる期待を持たるるに至る迄の苦心の歴史、ないしは範とすべき学究的態度であります。

鼻疽の危険なることは、既に御理解になったことと存じますが、別して実験室作業者にとって、左様なのであります。豊島君が亡くなられる前に実験に御用ひになった鼻疽菌の培養液の如きは、１滴の40万倍希釈液で実験動物を斃すことができる、強毒性をもったものでありまして、研究者が万全の注意を払ってもなお足りないのでは無いかと思うのであります。

もうひとつ私共が考慮を要することは、鼻疽免疫研究の難易の問題であります。これは人間の結核、牛の結核と相竝（あいなら）んで実に難中の難、学問を私する様な徒輩（やから）は先ずまず御免を蒙（こうむり）りたがる代物であります。豊島、伊地知、古賀の３君の如き人格そのものが、すでにかかる難事業に打ってつけの御人物であられたのは、誠に天の配剤宜しきを得たと申さねばなりません。豊島君の如き特に研究の指導者として最も大切な資格である、『学問が好きだ』『研究がうれしくてたまらぬ』と言う精神に打貫かれていらるればこそ研究対象の難易等、眼中にあるはずはなく、不屈不撓、黙々として嬉々としてその半生を送り来られたのでありましたが、今日この人世に無し、誠に痛嘆にたへぬのであります。

言うまでも無き事乍ら、学問は骨董イヂリとは違ふのでありまして、内に燃える烈々たる火が必要なのであります。火と言ふのは、私共獣医学にたづさわるもので申せば、如何とかして病気を予防したい、治療したい、絶滅したい、といふ大野心でありまして、豊島君も他の２君も、この意味では、揃ひも揃って大野心家であったと申せませう。（中略）

免疫研究の実績は、尚今後、私共研究所の努力に俟ちて完成の域に達するものと考えられますが、唯今までに既に懸値なしに有力な成績が挙げられておることだけを申上げて置きたいと存じます」と、ここでは犠牲になった研究者の熱意のみが称賛されています。そして“その死は無駄でなかった”というような獣研幹部の言葉は、事故に至る真の原因を解明せねばならない研究管理者としての責任感に欠ける内容と言わざるをえません。

実験室内感染の原因

実験室内感染についての資料の最後に掲載されていた「人体鼻疽血清診断例」[5] の論文中に、その原因をうかがわせる内容がありました。

「何れも小動物について吸入感染を行ひ、間もなく同時に感冒用自覚症状が現われたので感染の原因はその動物実験に基因することは疑いない。しかし、菌の侵入門戸は直接皮膚か又は鼻・口・眼結膜等の諸粘膜かはにわかに断定しえない」ことから、２度目の事故はおそらくマウスに対する鼻疽菌の吸入感染試験をおこなっている途中でおきた感染事故と思われます。

マウスの感染試験をなぜ実施？

なぜこの時期にマウスを用いた危険な感染試験を実施しなければならないのか、その動機について筆者なりに推察してみたいと思います。

獣研・研究科の鼻疽担当の持田は、1935年７月の「マウスに於ける鼻疽感染竝免疫試験」(6) の論文に続いて、10月に「まうすニ於ける鼻疽感染試験」の論文(7) を発表していました。内容は"（鼻疽の）強毒株を用いれば微量菌で（マウスの）腹腔内、皮下および鼻腔内接種によって諸臓器とくに脾臓に結節を形成し、５～40日の経過ですべて死亡する"と書かれています。このことから持田はマウスを用いた鼻腔内感染の手法をすでに確立していたと思われます。

さらに、先の「人体鼻疽血清診断例」の論文中で「持田はマウスの鼻腔内

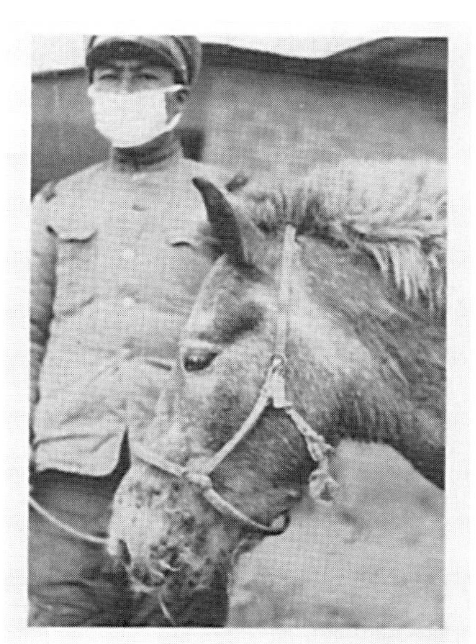

伊地知・豊島・古賀ら３人の研究
殉職をもたらした・鼻疽患馬

写真１　鼻疽感染馬の写真

（『続・回想奉天獣研20年』16ページ）

に鼻疽菌乳剤を滴下して腹腔、皮下注射に劣らない程確実な感染方法であることを知った。未だ馬について実験を行っていないが……」と、今後の研究の展望を述べていることからも手法の確立が裏付けられます。

敢えてこの時期に、マウスにおける感染実験の手法を確立した研究科の持田でなく事業科の豊島が単なる追試ではなく他に目的をもって本格的な実験に取り組んだように考えられます。しかしながら、この実験に至った背景・動機などは手持ちの資料からこれ以上読み解くことは不可能で、謎は残ったままです。

実験室内感染を報じた満州日日新聞

『続・回想』に、鼻疽の実験室内感染を報道した当時の「満州日日新聞」(1936年1月25日付)の紙面が掲載されていました(写真2)。その内容を詳

滿洲日日新聞

研究の鼻疽に感染
全員・死床に呻吟
完成の一歩手前で全滅し
豊島主任遂に逝く

世界に前例なき鼻疽豫防法を苦心研究の結果發見、滿洲國々防に重大なる貢獻をなす喜びを前にして畏れの科學者が研究の鼻疽に仆れ續いて研究室全員が感染して不治の病床に死を待つ學界の悲慘事がある―

十年間・研究に從事
惜まれる豊島氏の死

滿洲に多い病氣
馬匹の二割は罹患す

二人目の
尊い犠牲
下山氏は語る

我氷上選

写真2 「満州日日新聞」(1936年1月25日)の記事
(『続・回想奉天獣研20年』90ページ)

しく読むと、当時の満州情勢を反映し、感染事故に至る背景に見過ごすことのできない大きな問題が潜んでいるように思われます。

「研究の鼻疽に感染　全員・死床に呻吟（しんぎん）　完成の一歩手前で全滅し　豊島主任遂に逝く」

「世界に前例なき鼻疽予防法を苦心研究の結果発見、満州国々防に重大なる貢献をなす喜びを前にして誉（ほま）れの科学者が研究の鼻疽に仆（たお）れ続いて研究室全員が感染して不治の病床に死を待つ学界の悲惨事がある―」

記事の見出しとリード文は、当時の満州情勢を反映しているのか、たいへん大げさでセンセーショナルであることにまずたいへん驚かされます。そして記事の最後は、「鼻疽研究室はなお一つ持田氏の研究室があるが貴重な豊島研究室は全滅したのでここに鼻疽予防研究に一頓挫（とんざ）を来すこととなり、学界に又国防上大きな損害とならぬかと研究所では悲痛の涙をしぼっている」と、結んでいます。

続く解説記事は、

「十年間・研究に従事　惜しまれる豊島氏の死」

「満州に多い病気　馬匹の二割は罹患す」

「鼻疽は満州には多い病気で北満に至るほど多く馬匹の15パーセント乃至（ないし）20パーセントは罹（かか）っており、（中略）又某国が戦術として鼻疽菌撒布の噂などが伝えられる等国防上重大な関係を有するため、獣疫研究所では昨年から鼻疽研究室を新設して研究に着手したもので最近に至って鼠（ねずみ）に対し試験の結果60％乃至80％の予防薬を発見、本年これを軍馬に試験することとなり成功の域に漸（ようや）く達した時に豊島氏が仆（たお）れたものでこの犠牲は惜まれている」とありました。

この報道は、鼻疽予防法の発見が満州国国防に重大な貢献になることを解説しています。理由は“某国による細菌戦（鼻疽菌撒布の噂）”をあげ、獣研は“国防上重大な関係を有するため”、“昨年から鼻疽研究室を新設して研究に着手した”と、今回の事故に至る経過を説明しています。

この某国というのは、「満州国」の仮想敵国であるソ連をさすことは明らかです。ソ連による鼻疽菌撒布の噂をこのような形でとりあげるのは、その裏に関東軍による家畜の細菌戦研究を正当化するための意図が逆に読み取れるように思えます。

さらに、事故の背景について多少疑いの目で見るならば、獣研の研究幹部は関東軍と国防に応えるために成果をあげることがどうしても必要であり、あえて危険な感染実験を拙速に取り組まざるをえなかった事情があるのかもしれません。

続いて3段目の見出し「二人目の尊い犠牲　下山氏は語る」の記事は、「豊島君は鼻疽菌の比較研究、鼻疽菌の薬品に対する抵抗力の研究をやっていましたが、鼻疽というものは肺結核と同じように実に危険な病気ですから死を覚悟して注意してやっていたのでしょうが、ついに犠牲となったのです。しかも研究室全部がやられ、今後大事な鼻疽の研究に頓挫を来すことを心配していますが、誰かやらねばこの恐ろしい病気を駆逐出来ないのだから、科学者も戦士と同じ覚悟を持たねばなりません」と書かれています。

このように「満州日日新聞」は、鼻疽の実験室内感染で悲惨な死を遂げた研究者を大げさな表現で、あたかも戦死者の“英霊”をたたえるかのように“研究中の尊い犠牲”“この犠牲は惜しまれる”とまで祀り上げています。

さらに、下山氏は“研究が中断する”ことに配慮しながら、豊島氏は死を覚悟（注：あきらめて心を決めること）、注意して実験していたのだから“科学者も戦士と同じ覚悟をもたねばならない”とまで煽（あお）っています。

この“科学者も戦士と同じ覚悟をもたねばならない”とする考え方は、例えば、空中窒素の固定法の発明者、フィリッツ・ハーバー（1868－1934、1918年ノーベル化学賞受賞）は、第1次世界大戦時に戦争の武器として毒ガスを使うことを積極的に提案し、最初に塩素ガス、さらにホスゲンやマスタードガス（イペリット）を完成させました。その結果、第1次大戦は、ドイツと連合国側との間で壮絶な毒ガス戦になり、大量の犠牲者を生み出しました。そのときハーバーは「国家の存亡が科学力にかかっている総力戦においては、最前線でライフルを持って闘う兵隊と同じく科学者も1人の戦士である」との心情で戦争に加担していた(8) 事実に通じるような恐ろしさを感じます。

このような報道がまかり通る日中戦争開始直前の満州の政治・軍事情勢をどのようにとらえたらよいのか、率直にいって戸惑いを感じます。当時の新聞が上記のような科学の戦争協力を当然のように書く背景を考えるとき、知らず知らずのうちに戦争に導かれていく時代のながれの恐ろしさと、２度とこのようなことを許してはならない努力の必要性を痛感します。

「鼻疽予防法の発見」の虚構

さらに不可解なことは「満州日日新聞」の紙面上に“苦心の結果、鼻疽予防法を発見”、マウスに対する試験の結果“60～80％の予防薬を発見”“軍馬に試験することになった”など、獣研による鼻疽研究の成果と展望が数多く見出しに書かれています。

しかし、1936年頃の鼻疽に関する研究論文の中に、予防法や予防薬に関する課題は全く見当たりません。この実験室内感染事故から約半年後の1936年秋、満州獣医畜産学会雑誌18巻（3、4号）に「鼻疽特集」が組まれています。その中の研究（概要）と報告資料の２つがなんらかの手がかりになるかもしれないと考え、以下に内容を紹介します。

1. 鼻疽の予防法竝(ならびに)治療に関する研究（概要）(9)

第９回日満家畜防疫会議（1936年10月22～24日：新京日満軍人会館）(10)の資料で、獣研の山際三郎・研究科長が報告しています。

「諸種ワクチンを応用しマウスにおける鼻疽免疫試験結果、死菌あるいは臓器ワクチン等はなんら予防効果なく、鼻疽免疫は生菌接種によりてのみ成立し而(しこう)して生菌ワクチン中矮小型の効果あることを予報せり。その後数次に亘りて反復実施せる矮小型の予防試験を一括報告せんとす」と、鼻疽菌の死菌と臓器ワクチン（注：おそらく鼻疽菌をマウスに接種し、発病したマウスの内臓をすりつぶしてワクチンを作成したものと思われる）のいずれもワクチンとしては使えないことが記載されています。また免疫が成立するのは生菌接種の場合だけです。

さらに生菌ワクチンによる実験成績は、寒天培地上で中矮小型コロニーを形成する鼻疽菌をマウスに0.001～0.1mg皮下接種して免疫し、鼻疽菌10^{-5}mgを皮下接種により攻撃したところ約40％が生き残ったという内容です。これはワクチンとして多少の「効果」があります。しかし鼻疽菌の攻撃ルートをマウス鼻腔内接種に変更した場合は予防効果がまったくなかった成績でした。

この概要報告は、結論的に言えば予防法の発見とはいえず、今後のさらなる課題が残るだけの実験成績です。

同年3月、鼻疽の実験室内感染の犠牲者に対する追悼講演の内容と打ってかわり、山際は予防法と治療の研究報告をなぜ概要だけですませているのか経緯がまったく理解できません。あえて憶測をすれば、「満州日日新聞」による鼻疽予防法の発見の報道に対する言い訳のような感じがぬぐえません。

2. 鼻疽の治療竝(ならびに)予防法に関する研究[11]

研究の報告者は高島部隊の並河才三獣医大佐です。高島部隊は当時の軍馬防疫廠の秘匿名で部隊長は関東軍獣医中佐・高島一雄です。並河はのちに高

表1 並河才三が実施した鼻疽の治療試験のまとめ

	鼻疽の治療法に関する研究	結果
1	マレインを以ってする治療試験	鼻疽の潜伏感染馬を試験に使っていたので、結果判定がよくわからない
2	鼻疽ワクチンによる治療試験	鼻疽菌のホルマリン不活化ワクチンを投与したが、治療効果はなし
3	青化銅加里による治療試験	0.2～5％の各溶液を注射し、最後に剖検したが治癒した所見が認められない
4	マレイン及青化銅加里による治療試験	今回の成績だけではよくわからない
5	グリココール銅による治療試験	試薬が高価で、不足
6	ネオ、アルサミノールによる治療試験	投与量が決められず、治療試験ができない

	鼻疽の予防法に関する研究	結果
1	マレインを以ってする免疫試験	静脈内注射したが、死亡する馬が出て失敗
2	鼻疽ワクチンを以ってする免疫試験	免疫能を獲得したかどうかが判定できない
3	鼻疽生菌免疫試験	弱毒R型菌を接種し、免疫が成立したと考えて、強毒菌で攻撃したが、実験馬は死亡した

島と入れ替わり軍馬防疫廠長になる人物です。

この研究は、実験に馬を多数使用するきわめて大がかりな鼻疽の臨床試験ばかりです。並河の実験成績を表1のようにまとめてみました。

表1の各種の実験は、各種の薬剤を実験馬に処方し、鼻疽感染馬に対する有効な治療法を見つけ出そうとしています。しかも、何としても鼻疽感染馬に対する治療法の手がかりを見つけたいとする軍馬防疫廠の“気持ち”が如実にあらわれているような実験です。残念ながら、一連の試験成績はとりあえず実験を試みたというような結論ばかりで、研究だからと弁解してもすべてみじめな失敗に終わっています。

第1章の鼻疽の解説で記述したように、鼻疽菌の性状からして鼻疽に対する生物学的製剤（ワクチンや抗血清）の作成は困難です。この一連の取り組みは、当時の研究の進展状況の反映そのものと考えられます。

“鼻疽予防法の発見”という「満州日日新聞」のセンセーショナルな記事の根拠はどこにあったのか、結果的に探し出すことはできずに終わりました。

以上をまとめると「満州日日新聞」の捏造とも思われる記事はどのような意図に基づいて書かれたのか、当時の満州の政治・軍事情勢を反映するひとつのエポックだけではすまされません。満州版「大本営発表」の先駆けのように感じられます。

小学生に向けた細菌戦教育

同じく、鼻疽の実験室内感染を報じた当時の小学生新聞の記事は、衝撃的なものでした。それを『続・回想』から引用します。

大見出しは「新戦術に使われる　恐ろしい鼻疽菌」です。続いて「その研究でたおれた貴(とうと)い犠牲　満州にとり実に残念」のタイトルで、内容は「満州日日新聞」の記事を子ども向けに編集・解説しています。

大見出しにわざわざ“新戦術に使われる恐ろしい鼻疽菌”を掲げたのは、新戦術は仮想敵国ソ連が意図しているのか、あるいは“関東軍”がその防御

（第三種郵便物認可）　昭和十一年一月二十九日　滿洲日日新聞　（水曜日）　第一萬七千四百十號　（一）

小學生新聞

滿日附録

新戰術に使はれる恐しい鼻疽菌

その研究でたふれた貴い犧牲

滿洲にとり實に殘念

滿洲には恐しい病氣があります。鼻疽といふのです。牛や馬や豚などの家畜に多い病氣ですが、人間にもうつります。とてもはげしいうつり病で、まだこの病氣を治す方法はもとより、防ぐ藥さへも發見されてゐないのです。しかも、これにかゝれば必ず死ぬのです。學者達は血眼になつて、この病氣を研究してゐますが、今度悲しくも鼻疽を究して、もう一歩で立派な藥を發見するところまで來てゐるのに、たう／＼鼻疽にかゝつて國家の爲に死んでしまつた學者があります。それは滿鐵奉天の鼻疽研究室にゐられる豐島武夫さんといひます。十年間苦心研究の末、やつと鼠で試驗してこれを防ぐ藥を發見、いよ／＼軍馬に試驗をする事になつてゐた時、たう／＼鼻疽の黴菌が豐島さんにうつり、もう手のほどこし樣もなく、この間貴き科學の犧牲となつて、死んでいかれたのです。それぱかりでなく、その研究室に働いてゐた人がみんなこの病氣にかゝつてゐる事がわかり、遂に鼻疽のために全滅してしまつたのです。我等が滿洲にとつて實に悲しい事であります。これからの戰爭には毒ガスの代りに黴菌を撒きちらす戰術があります。だからして一層これを防ぐ研究が大切だつたのです。かへす／＼も殘念な事ではありませんか

写真 3 「満州日日新聞付録・小学生新聞」（1936 年 1 月 29 日）の記事
（『続・回想奉天獣研 20 年』91 ページ）

戦術を考えているのか、それとも密かに“鼻疽菌は家畜の細菌戦の新戦術として使えるかもしれない”と子ども向けに書いたものかなど、狙いがどこにあるか理解に苦しみます。

そして記事は最後に「これからの戦争には毒ガスの代わりに黴菌を撒きちらす戦術があります」と、戦争で毒ガスの使用や細菌戦がおこなわれるのは当然のように子どもたちに思わせる露骨な表現には驚くばかりです。戦争の目的遂行のために“手段を選ばない”“やられる前にやり返す”ことを当然だと信じさせる効果を狙ったように思え、やりきれない気持ちになります。

引用文献

(1)　富岡秀義編（1993）『回想・奉天獣研 20 年』136－181

(2)　山際三郎（1936）「殉職せられたる英霊を弔いて鼻疽を語る」満州獣医畜産学会雑誌 18、304－305

(3)　富岡秀義編（1994）『続・回想奉天獣研 20 年』24－25

(4)　山際三郎（1936）「殉職せられたる英霊を弔いて鼻疽を語る」満州獣医畜産学会雑誌18、309－310
(5)　富岡秀義編（1994）『回想・奉天獣研20年』165－180〔持田勇・渋谷芳吉・森貞一（1939）「人体鼻疽感染人体例」満州獣医畜産学会雑誌21（2）より転載〕
(6)　持田勇（1935）「マウスに於ける鼻疽感染並免疫試験」(1) 鼻疽感染試験、満州獣医畜産学会雑誌17、583－596
(7)　持田勇（1935）「まうすニ於ける鼻疽感染試験」日本獣医学会雑誌14、363－391
(8)　池内了（2016）『科学者と戦争』岩波新書、11－12
(9)　山際三郎（1936）「鼻疽の予防法竝治療に関する研究（概要）」満州獣医畜産学会雑誌18、451－453
(10)　久米定一（1936）「第9回日満家畜防疫会議所見」満州獣医畜産学会雑誌18、571－581
(11)　並河才三（1936）「鼻疽の治療竝予防法に関する研究」満州獣医畜産学会雑誌18、429－450

第4章

鼻疽の疫学調査と軍馬防疫廠の成立過程

軍隊・警察による匪賊討伐

「『満州国』建国後も反満抗日勢力の活動が活発で、日本軍はこれらを『匪賊』であるとして『匪賊討伐』に明け暮れていました。『匪賊討伐』は、抗日勢力とともに日本軍に敵対する住民への虐殺へと発展しました。1932年9月におこった平頂山事件*1はその最大級のものです。(中略) 反満抗日勢力を『討伐』したのは、関東軍の兵団、独立守備隊、満州国軍、満州国警察隊などでした。1936年・37年以降、関東軍の兵団が対ソ戦準備に専念するようになると、主要幹部に日本人を配置した満州国軍や満州国警察隊が『討伐』の主力になりました」(1)。なお、討伐については、山田朗「反満抗日運動と『討伐』の実態」(2)も参照しています。

鼻疽血清反応の統計学的観察(3)

満州事変後、獣研が関東軍の依頼で軍馬における鼻疽の実態調査を優先的に進めてきたことは、すでに第3章でふれました。この時代の反満抗日勢力に対する「討伐」戦において軍馬が果たす役割は重要であり、当然、野外で鼻疽に感染する頻度も大きかったと思われます。

しかし、獣研は鼻疽の撲滅をはかるために、軍馬だけでなく満州全体における鼻疽の発生・分布状況を本格的に調査する必要があると考えています。そのまとめが、「鼻疽血清反応の統計学的観察」です。

この報告は、満州獣医畜産学会雑誌上に65ページを割いて、膨大な検査結果のデータをクロス集計表と説明でまとめています。報告が最終的に論文に発表されたのは1938年秋です。しかし、主な内容は、直近の1936年と1937年の鼻疽検査成績を中心に構成されています。緒言から1931年以降の獣研による鼻疽の疫学調査の経緯を知ることができます。

＊

「わが満蒙における鼻疽流行ならびに蔓延状態を調査するには鼻疽撲滅法の基礎なるべきも、これに関する報告および統計は未だ充分ならず、わずかに関東州または付属地の一・二において検疫したに過ぎない。当所にては従来鼻疽血清診断の求めに応じくるが、その範囲は極めて限局された地域である。しかるに最近、北満開発と共に各鉄路局において管内の自警村馬の鼻疽防遏上、使役馬および新規購入馬の血液を送付し来り、また昭和12年（注：1937年）9月、全満鉄付属地の馬匹について多数採血し検疫を行い、ようやく満蒙における鼻疽蔓延状況の一端を窺(うかが)ひえるに至れり。もっとも未開発地におけるマレイン点眼による検疫成績の統計なきしに非ざるも、余等の経験によれば鼻疽診断法の最も確実なるは血清反応、就中(なかんづく)補体結合反応を以て第一となす故、今当室における鼻疽補体結合反応成績について述べ、併せてマレイン点眼反応および凝集反応の関係を論ぜんとす」と、記されています。

緒言の内容に沿って資料すべてを読み解くことは、膨大で細部にこだわりすぎる点もあるので、本章は鼻疽の疫学に焦点を絞ります。筆者の判断で重要と思われる表データをExcelで円グラフやヒストグラムなどに変換して読み解きます。

鼻疽の検査結果は、マレイン点眼反応、血清を用いた補体結合反応と凝集反応による3つの検査成績でまとめられています。第2章や緒言で述べているように、獣研は鼻疽の血清検査法は補体結合反応の成績を重視しています。そのことから補体結合反応による検査成績のデータについて検討します。

さらに、3つの検査法の疫学的関連性は野外で鼻疽の調査成績を解析するために重要ですが、高度な解析手法が必要なためここでは省略します。

1. 鼻疽の総検査頭数（馬）

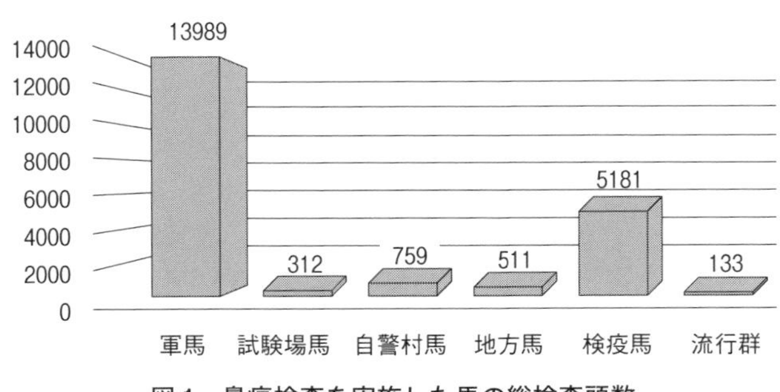

図１　鼻疽検査を実施した馬の総検査頭数

図１で、獣研の創設以来実施してきた鼻疽の総検査頭数（馬）をカテゴリー別にまとめました。総検査頭数は20,885頭です。内訳は軍馬が最も多く13,989頭（67％）を占め、そのうち日本の軍馬が7,880頭（56.3％）で半数強、残りは「満州国」の軍馬です。

図にはありませんが、採血した日本の軍馬は全満州地域の各駐屯地に分布、「満州国」のそれは主に奉天近郊の駐屯地に由来します。1931年９月の満州事変以降、軍馬の検査頭数は急激に増加しています。

検査頭数で２番目に多いのは検疫馬というくくりでまとめられている民間飼養馬で、奉天市、大連市および満鉄付属地などで検査した5,181頭です。

３番目は、自警村馬というカテゴリーになっている759頭です。この自警村は満蒙開拓の先駆けになった武装移民団のことです。関東軍は抗日義勇軍の討伐作戦を進めるいっぽうで、占領した満州に日本から農業移民を送り込む計画に着手しています。詳細は笠原十九司の「満州武装移民」(4) を参照しています。

2.　日本軍馬の鼻疽検査成績

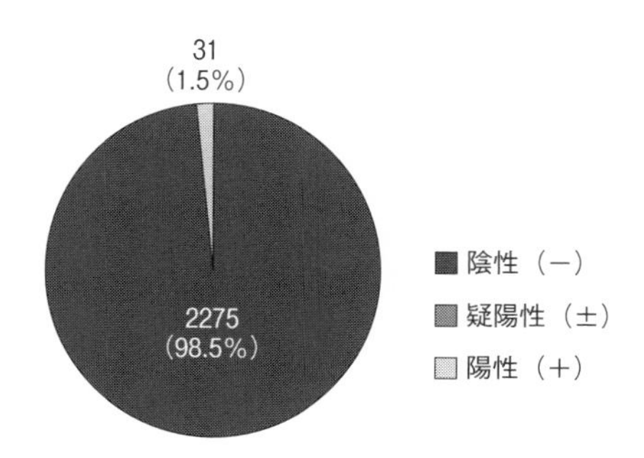

図2　日本軍馬の鼻疽検査の結果（1931.9.22～1933.1.22）

次に、満州事変後の1931年9月22日～1933年1月22日までの約16カ月間の日本軍馬の鼻疽検査成績を示します（図2）。検査2,310頭中、陽性馬は31頭（1.5％）ですが、その詳細はわかりません。

陸軍が鼻疽の検疫対策（軍馬の移動あるいは討伐後に原隊に帰還する毎にできる限り検査）を実施しているにもかかわらず1.5％の陽性馬の出現は、「満州馬と一緒に行動したためか、あるいは満州の奥地に転戦した結果を表す感染率と思われる」と、持田は慎重な表現で1.5％の陽性率について論じています。

3.　捕獲した満州馬の鼻疽検査成績

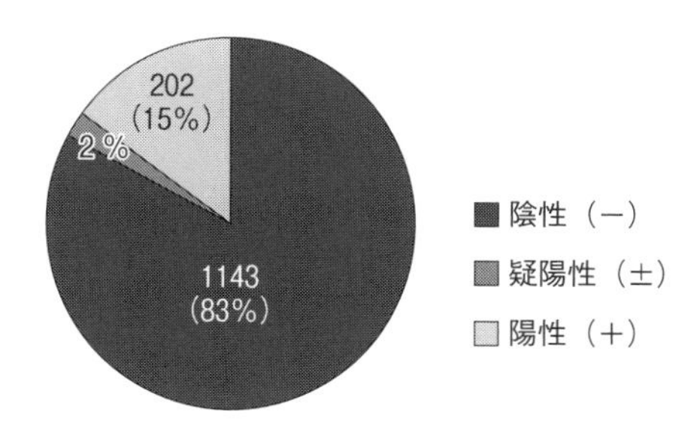

図3　捕獲した満州馬の鼻疽検査の成績（1931.9.22～1933.1.22）

図 3 は、1933 年までの討伐戦で押収（捕獲）した満州馬の検査結果です。1, 372 頭中、陽性が 202 頭（15 %）です。高い陽性率は、多くが東北軍（張学良軍）との間の討伐戦で押収した満州在来馬に由来するためです。これは「満州における鼻疽の汚染状況を反映している結果」と持田は考察しています。これらの陽性馬のうち 109 頭を病理解剖した結果、40 頭から鼻疽菌が分離されています。

4. 満州国の軍馬における鼻疽検査成績

図には示しませんが、最初に、第 1 軍管区（奉天）における 1935 年・36 年の鼻疽検査で 1, 158 頭中、422 頭（35. 6 %）の陽性が記録されています。その主要な原因は、「1931 年当時、張学良の東北軍で鼻疽の大発生があり、ほとんどの軍馬が死亡した駐屯地（東大営）に満州国の軍馬が係留されており、それが鼻疽の感染源になっている」と、持田は指摘しています。実態は、後述する渋谷報告にも述べられています。

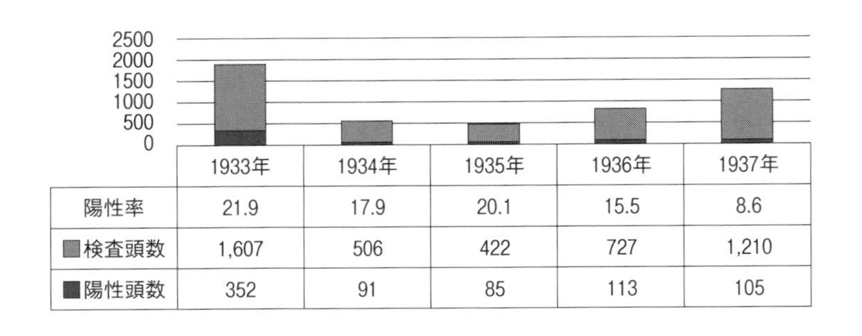

	1933年	1934年	1935年	1936年	1937年
陽性率	21.9	17.9	20.1	15.5	8.6
検査頭数	1,607	506	422	727	1,210
陽性頭数	352	91	85	113	105

図 4　靖安軍における鼻疽陽性率の推移（1933 年～ 37 年）

図 4 に靖安軍（注：満州事変直後に関東軍の指導で編成された日本人・満州人混成部隊で、主に「匪賊」の討伐作戦に従事）における鼻疽検査結果の推移を示します。図にはありませんが、「討伐作戦に出動しない馬 490 頭の陽性が 17 頭（3. 5 %）に対して、作戦に出動し帰還した馬群は、毎年陽性率が 3 ～ 4 倍化するパターンを繰り返している」と、持田は指摘しています。しか

し、部隊において陽性馬の殺処分を継続することで徐々に陽性率が低下する傾向が見てとれます。

5. 奉天城内における鼻疽検疫（1937. 7. 28 - 31）

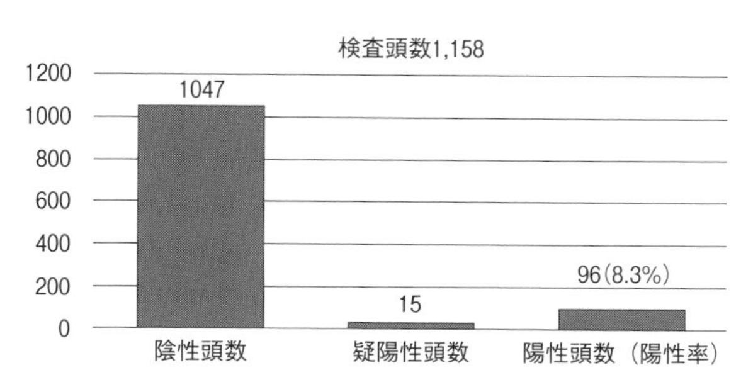

図５　奉天城内における鼻疽検査の結果（1937. 7. 28 - 31）

瀋陽警察署管内には７千頭の馬が飼育されていると本文に記載されています。獣研は、鼻疽の防疫対策の基礎データを集める目的で、奉天城内の民間馬だけを1937年７月に検査しています。鼻疽の汚染率は1, 158頭中96頭（8. 3 %）でした。持田は、「市街地における鼻疽の汚染状況の傾向は把握できた」と考えているようです。

6. 自警団（武装移民団）における鼻疽検査成績

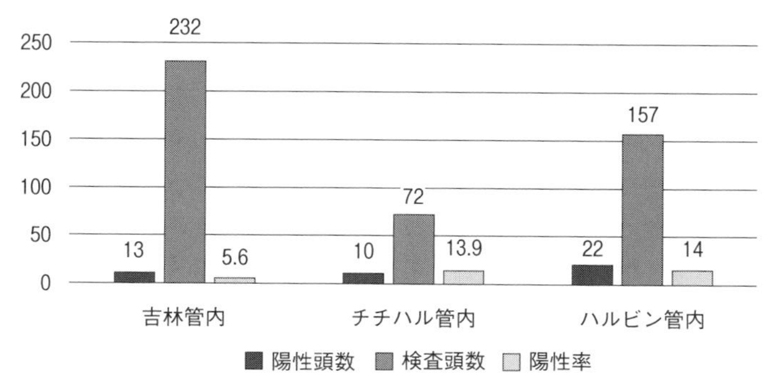

図６　自警団（武装移民団）における鼻疽検査成績

陽性率は、吉林管内が 5.6 %、チチハル管内が 13.9 %、ハルビン管内が 14 %とそれぞれかなりの汚染率を示しています。原因は、「自警団が満州に入植した時、農耕馬を導入する際に当局が鼻疽に関する知識がないこと、当該地域が鼻疽の汚染地であることなどが重なりこのような結果を招き、村民に経済上の多大な損害を与え、人心を不安にさせた」と持田は考察しています。

次は、「関東軍管下に於ける軍馬防疫の概要」(関東軍獣医部長獣医監・田崎武八郎)(5) と「満軍馬の馬疫(特に鼻疽)に就いて」(「満州国」軍政部陸軍獣医上尉・渋谷育造)(6) の報告です。軍のそれぞれの立場から分析した成績により、関東軍における鼻疽の状況を探りたいと考えます。

関東軍の軍馬防疫(田崎報告)

田崎は、報告の冒頭で、「日本軍は……恐るべき獣疫常在の各地に駐屯し日夜治安工作の為東奔西走屢々満軍と共同討伐に従事するなど獣疫の脅威を浮くること甚大にして又これにより蒙る損耗も蓋し鮮少ならざるものがあります。したがって日本軍は獣疫に対する防疫を以て在満軍馬衛生勤務の重点として不断の努力を傾注しある所であります。満州国内には年々特に昭和 8 年以来各地に炭疽流行しこれが為地方家畜数千頭の犠牲を見たるも軍馬は全くその侵襲を免れ、また馬疫中の癌たる鼻疽は諸調査の進むにしたがい地方馬匹の罹病率は実に驚くべき数字を示し 15 ~ 20 %を普通とし集団馬群においては 30 ~ 50 %と云うことも敢えて稀ならざる状態でありますので日本軍が予防にいかに日夜苦心しあるや御推察に難からぬ所と思ひます」と述べています。

田崎の冒頭発言の主旨は、「関東軍において 1933 年以来、炭疽が満州各地で大流行したが、軍馬は幸い感染をまぬがれた。鼻疽は調査(検査)を進めた結果、汚染率が 15 ~ 20 %が普通で、30 ~ 50 %の例もあった。そのために日本軍は予防にたいへん苦慮している」ということです。しかし、鼻疽の高い感染率はどのような集団の感染率を示すのか、この報告からはまったくわかりません。

1. 炭疽と鼻疽の発生状況

表1　1931年9月18日（満州事変の勃発日）から1936年2月29日まで約5年間の炭疽と鼻疽発生頭数

	日本馬	満州馬	合　計	摘　要
炭　疽	14	12	26	1936年3月以降9月まで5頭発生
鼻　疽	138	321	459	1936年3月以降9月まで113頭発生

発生頭数はわかりますが、分母となる調査頭数が示されないので発生割合はわかりません。

2. 防疫対策の状況

「軍は防疫の重点を鼻疽と炭疽に置き、炭疽の予防接種は1935年以降16,891頭を実施、良好な成績を収めている」と述べています。いっぽう鼻疽は「隔月（出動部隊はその都度）マレイン点眼法により検疫を実施し、反応陽性の馬は採血し、血清学診断法を行っている。春秋の2回、定期的に全軍馬の採血を行い、血清診断を実施している」と、疫学の視点から考えると鼻疽対策はかなり理想的な防疫対策をおこなっている様子がわかります。ここでも具体的数字が示されないので実態はまったくわかりません。

3. 防疫の施設

「満州事変の当初は、軍に防疫を行う施設が全くないため、獣研の職員を軍の嘱託とし鼻疽検血を依頼していたが、昭和8年（注：1933年）から臨時病馬厰において年間3萬頭の検査を実施している。現在の防疫業務（病性鑑定と血清学的診断）は、高島部隊で実施、ハイラル、チチハル、ハルビン、牡丹江に細菌検査室を設け、防疫体制の完成に務めている。防疫に必要な血清、ワクチン類は陸軍自体の製品と獣研、獣疫調査所等のものを使用している」と述べています。

4. 軍の将来方策

「満州国内獣疫の撲滅は国策遂行上先決すべき重要問題でありますというのも、満州国内の家畜資源は産業上は勿論国防上重大なる関係を有するので、これが改良増殖は目下の急務ですが、前述のように獣疫の蔓延甚だしきものがあるので、先ずこの点に深刻なる考慮を要する次第であります。（中略）先般軍指導の下に満州国の家畜防疫業務の連絡統制機関として、満州国家畜防疫聯合委員会を結成し、満州国内の家畜防疫はこの機関を経て連絡統制が行われております」と、満州における家畜資源の改良増殖が急務であるため、関東軍主導で「家畜防疫聯合委員会」という家畜防疫対策の連絡・統制網の現況を述べています。

満州軍馬の鼻疽（渋谷報告）

報告は、鼻疽を含む1936年1月～6月までの軍馬の病類別発生頭数、軍馬減耗統計表などで具体的な数字を提示しています。

例えば「満州国軍・第1軍管区は、保管馬数が6,310頭ですが、実際には1,825頭しか保管馬がいない。原因は鼻疽の蔓延で死亡した馬が60～70％を占めている。馬の食糧費不足のため馬が過労で死ぬ状態である。また鼻疽の感染馬に対する処置が不適切で、開放性鼻疽（顕性感染）馬と健康馬が雑居し、共同の飼槽や水槽を使っている状況にある」と、鼻疽対策の不備を大いに嘆いています。

いっぽう、靖安軍は、「張学良軍の時代は鼻疽でほとんどの軍馬が死亡する状態であったが、毎月の鼻疽検疫を進めた結果、1935年には820頭中38頭の発生まで減少した」と報告しています。

全般的に満州国軍における鼻疽の防疫対策は、関東軍のそれに比較するとすべての面で極めて貧困状態にあることが容易に読み取れます。とくに満州国軍の軍馬における鼻疽の高い汚染率は、防疫対策上猶予できない事態にあることが推察されます。

なお、2つの資料は、1936年10月に開催された第9回日満家畜防疫会議[7]の出席者名簿に名前があることから、そこでの報告と思われます。

これまで獣研に委嘱していた関東軍の鼻疽検査は、1933年から関東軍独自で実施するようになりました。それによって、上記の報告は軍事機密により隠蔽され、軍馬における鼻疽流行の的確な情報は得ることができません。

軍馬防疫廠と馬疫研究処設立の背景を少しでも探ろうとした筆者の狙いは結果的に不発ですが、満州国軍における鼻疽の高い汚染率だけは明らかです。

臨時病馬収容所から軍馬防疫廠へ

安達「供述書」(1954年8月16日)[8]を引用し、臨時病馬収容所から軍馬防疫廠の成立まで約5年間の経緯をたどります。安達「供述書」の経緯と詳細については第6章を参照してください。なお「供述書」で重要と思われる事項は、筆者の判断で内容に則した“見出し”をつけ、さらにコメントを追加します。

問：関東軍臨時病馬収容所と第100部隊はいかなる関係があったのか。

答：関東軍臨時病馬収容所は100部隊の前身だった。最初は関東軍臨時病馬収容所と呼ばれ、1931年11月に成立した。初代所長は獣医中佐小野紀道だった。第2代所長は私で、1932年8月から33年7月までつとめた。第3代所長は獣医中佐高橋隆篤で、1933年8月から35年7月までだが、このとき、臨時病馬収容所は臨時病馬廠と改称した。第4代所長は獣医大佐並河才三で、1935年8月から37年7月までだった。第5代所長は獣医大佐高島一雄で、一般に高島部隊と呼ばれており、1937年8月から39年7月までである。第6代所長は獣医大佐並河才三で、1939年8月から41年7月までだった。彼がこの職についた当初は並河部隊と称していたが、途中で100部隊と改称した。第7代所長は獣医少将若松有次郎で、彼がすなわち最後の100部隊長で、1941年8月から45年8月までつとめた。

＊

安達の供述内容を以下の表にまとめてみました。

表 2　安達「供述書」による臨時病馬収容所から軍馬防疫廠（100 部隊）に至る変遷

名称（秘匿名）		責任者	期間
臨時病馬収容所	初代	獣医中佐・小野紀道	1931 年 11 月～ 1932 年 7 月
	第 2 代	獣医中佐・安達誠太郎	1932 年 8 月～ 1933 年 7 月
臨時病馬廠に改称	第 3 代	獣医中佐・高橋隆篤	1933 年 8 月～ 1935 年 7 月
軍馬防疫廠に改称	第 4 代	獣医大佐・並河才三	1935 年 8 月～ 1937 年 7 月 【1936 年 8 月 1 日】
（高島部隊）	第 5 代	獣医中佐・高島一雄	1937 年 8 月～ 1939 年 7 月
（並河部隊） 100 部隊に改称	第 6 代	獣医大佐・並河才三	1939 年 8 月～ 1941 年 7 月 1941 年
（100 部隊）	第 7 代	獣医少将・若松有次郎	1941 年 8 月～ 1945 年 8 月

安達が「供述書」でふれなかった軍馬防疫廠の成立時期

江田いづみは「帝国陸軍編成総覧」を引用し、軍馬防疫廠は 1936 年 8 月 1 日に設立されたと確認しています[9]。また、松野誠也は、1936 年 4 月 13 日付けの参謀本部第 1 課（編成動員課）「満州派遣部隊一部ノ編成及編制改正要領（決定案）」が、「新ニ編成スル部隊」のなかで「関東軍防疫部と関東軍軍馬防疫廠は 1936 年 8 月上旬に編成に着手する」[10] と記載、同時に「石井部隊（関東軍防疫部）の設置は関東軍の意見具申を受けてから陸軍中央部が取り組んだのではなく参謀本部の主導によるものである」[11] と指摘、これによって両部隊は 1936 年 8 月 1 日に編成されたとしています。

高島部隊は 1936 年 10 月の資料中に存在、安達の供述（1937 年 8 月発足）は間違い

第 9 回日満家畜防疫会議（1936 年 10 月）の出席者名簿に、「高島部隊長陸軍 1 等獣医正・高島一雄」、同じく「高島部隊陸軍 3 等獣医正・並河才三」の名前が記載されており、安達の供述内容と時期が一致しません。ま

た、第3章で引用した上記会議における並河の報告資料の肩書も高島部隊となっています。さらに、三友一男も「1936年8月1日、臨時病馬廠が母体となって関東軍軍馬防疫廠が誕生。高島一雄獣医大佐が初代廠長に就任（通称・高島部隊）」と記しています（第7章）。江田いづみも「帝国陸軍編成総覧」を引用して高島一雄の廠長就任を1936年8月1日としています。

以上から、本稿は軍馬防疫廠（高島部隊）の成立は1936年8月1日と確認します。

安達の供述「並河才三の再度の廠長就任と若松有次郎の廠長就任日」は間違い

江田いづみは「帝国陸軍編成総覧」を引用し、並河才三の再度廠長就任を1940年3月9日、若松有次郎の廠長就任も1942年7月1日としています。若松については三友一男の記載も同様です（第7章）。

このように安達の一連の間違いは、単なる記憶違いによるのか、それとも故意なのかはわかりません。上記の間違いを整理し、表3に軍馬防疫廠（100部隊）の変遷をまとめました。

表3　軍馬防疫廠（100部隊）の変遷

名称（秘匿名）		部隊長	期間
軍馬防疫廠に改称 （高島部隊）	初代	獣医中佐・高島一雄	1936年8月1日 1936年8月～1940年2月
（並河部隊） 100部隊に改称	第2代	獣医大佐・並河才三	1940年3月～1942年6月 1941年
（100部隊）	第3代	獣医少将・若松有次郎	1942年7月～1945年8月

問：病馬収容所は病馬の治療のほかにいかなる任務があったのか。

答：関東軍獣医部長渡辺の命により、民間の馬に伝染病が発生したさいには、病馬収容所はただちに現場に赴き、病原菌を採取し保存することになっていた。私は技術者を四平、瀋陽、錦州など炭疽の流行した地域に派遣し、病原菌を採集し保存したことがある。

問：病原菌を採集、保存せる目的は何か。

答：それはワクチンを製造するためである。しかし、保存したこの種の細菌はのちに100部隊の細菌戦研究に用いられた。

“細菌研究室の設立目的”

問：病馬研究所（注：病馬収容所の間違いか？）に細菌研究室はあったのか。

答：あった。

問：細菌研究室はいつ、誰によって設けられたのか。

答：1933年4月のある日、渡辺獣医部長が寛城子の病馬収容所にやってきて、私にこういった。「チチハル市の日本部隊の報告によれば、同市郊外で流行した馬の炭疽病は、細菌戦の謀略によるものであるようだ。関東軍も細菌研究に着手し、細菌戦に備えなければならない。病馬収容所はただちに細菌室を設けなければならぬから、すぐに計画にとりかかれ。費用については必要なだけ出す」

問：渡辺部長の指示を受け、どのように計画を進めたのか。

答：私は部下の市川大尉と相談し、計画を立てた。その概要はつぎのとおりである。細菌研究室内に顕微鏡実験台を設置し、顕微鏡設置に備える。細菌室以外にも、孵卵室、冷蔵室、小動物室、消毒室、製剤室を設け、さらに厩（うまや）を30室設ける。5月から建築に着手し、3カ月後には厩を除いて80％できあがっていた。このころ、私は陸軍の仕事をやめ、「満州国」官吏になっていた。

問：細菌室を設立したとき、関東軍からどのくらい経費を受けとったか。

答：2、3回受けとり、全部で10万円くらいだったと記憶している。

- 1933年4月、渡辺中・関東軍獣医部長が寛城子に来たとき、安達は病馬収容所の所長でした。関東軍渡辺獣医部長の指示で、細菌戦研究の準備を具体的に始めたことは明確です。
- チチハル郊外の炭疽発生について「ソ連による細菌戦の謀略によるものであるようだ」とする判断は、関東軍獣医部が細菌戦準備の活動を開始するため、またそれを正当化するための単なる口実（謀略を始めるときの常套手段）であることは明確です。
- 安達は、細菌研究室が設立された経緯を供述しています（注：田崎報告では細菌検査室）。炭疽と鼻疽の発生と防疫状況（田崎報告）を考えれば、2つの側面（細菌戦の準備と防疫）から研究室を設ける必然性はあるように思えます。
- 関東軍獣医部はすでに1933年から家畜細菌戦の準備を始めていたことは、翌1934年に細菌戦準備の在郷軍人研修会が開催され、出席した安達の「自筆供述書」（第6章参照）からも裏付けられます。

問：馬政局第3科長だったとき、100部隊に対してどのような援助をおこなったか。

答：関東軍の命令により、家畜に伝染病が発生したとき、すみやかに関東軍獣医部、各地の日本軍、「満州国」軍およびそのほかの畜産獣医技術機関に通知しなければならなかった。1932年8月から36年2月、甘南県、嫩江県、孫呉、洮南県、ハルビン郊外、延吉県などの各地の馬の炭疽伝染病が発生したが、私はこれらのことをただちに関東軍獣医部に知らせた。関東軍獣医部もまた高島、並河部隊に連絡し、部隊は技術員を現地に派遣し、調査のうえ病原菌を採集ならびに保存し、細菌戦の研究に用いたのである。

- 家畜伝染病が発生した場合、連絡・通報体制をとることは、現在の家畜防疫対策でも通常行われています。田崎報告ですでに「満州国家畜防疫聯合委員会」が設立されていたことから当然の動きと思われます。残りの「1問1答」は第6章で検討します。

以上、1931年11月の臨時軍馬収容所から1936年8月1日の軍馬防疫廠の成立までの期間は、満州事変の開始によって戦線が一挙に満州全土に拡大、その後は反満抗日勢力に対する「匪賊討伐」の継続によって、軍馬における鼻疽の被害も一挙に広がったように思われます。しかし、関東軍は、「満州国」軍の鼻疽被害状況はある程度明らかにしながら、それを隠れ蓑に日本軍馬の被害状況の詳細は隠蔽したままです。

いっぽう獣研による満州における鼻疽の疫学調査は、鼻疽の発生は軍馬だけの問題でなく満州全体が汚染している実態を明らかにしています。

また第3章でふれたように、鼻疽による軍馬の被害を「治療」によって何とか軽減する方策を探るため、軍馬防疫廠の並河才三獣医大佐は、1935年頃から馬を直接使用するきわめて大がかりな臨床実験に取り組んでいます。

満州における鼻疽の防疫対策は、小手先の対応策だけでは進展は難しいと思われます。関東軍は馬疫研究処を設立することによって鼻疽対策の今後の活路をどのようにみつけようとしたのか、その経過は第5章で取り上げます。

解説

＊1：　1936年9月16日、撫順の日本軍守備隊が行った平頂山の住民虐殺事件。

引用文献

(1)　大日方純夫・山田朗・山田敬男・吉田裕（2009）『日本近現代史をよむ　軍隊・警察による「匪賊討伐」』新日本出版社、117－118
(2)　山田朗（2017）「反満抗日運動と『討伐』の実態」『日本の戦争　歴史認識と戦争責任』新日本出版社、66－71
(3)　持田勇・故豊島武夫（1938）「鼻疽血清反応の統計学的観察　主として昭和11・12年に於ける成績に就て」満州獣医畜産学会雑誌20（3）、1－66
(4)　笠原十九司（2017）「満州武装移民」『日中戦争全史（上）』高文研、139－141
(5)　田崎武八郎（1936）「関東軍管下に於ける軍馬防疫の概要」満州獣医畜産学会雑誌18、512－517
(6)　渋谷育造（1936）「満軍馬の馬疫（特に鼻疽）に就いて」満州獣医畜産学会雑誌18、521－543

(7)　久米定一（1936）「第9回日満家畜防疫会議所見」満州獣医畜産学会雑誌18、571－581
(8)　江田憲治・兒嶋俊郎・松村高夫編訳（1991）「人体実験―731部隊とその周辺」同文館、229－231
(9)　江田いづみ（1997）「関東軍軍馬防疫廠　100部隊像の再構成」『戦争と疫病』本の友社、42－45
(10)　松野誠也（2017）「ノモンハン戦争と石井部隊」歴史評論801、73
(11)　同上、84

第5章

関東軍による馬疫研究処の設立と鼻疽対策

関東軍主導による馬疫研究処の設立（1937年2月）は、同時に獣研から馬疫研究処に鼻疽研究を移譲することでした。さらに満州における鼻疽の防疫対策がどのように展開していくかをたどります。その前に、1935年から37年にかけての日本と満州の政治・軍事情勢にふれたいと思います。

日中戦争と戦時体制の始まり

日本国内では、1936年2月、陸軍内の皇道派の青年将校らによる軍事クーデター未遂事件（2・26事件）がおこりました。この事件によって、陸軍内の急進的な「国家改造派」（皇道派）がワシントン体制維持派（英米協調派）に大きな打撃を与えたものの、その後、統制派が皇道派を壊滅させました。2つのグループが大きな打撃を受けた結果、陸軍統制派のもとに政治権力の一元化がしだいに進行し、日本国家は「国防国家」建設という路線になっていきました。

2・26事件と軍部強権政治体制の確立が、日中戦争の準備過程となっていきます。さらに、この事件の1年前の1935年、関東軍と支那駐屯軍は、華北を国民政府から分離して日本の支配下におくために、傀儡政権を樹立する工作、すなわち「第2の満州国」化構想をすでに開始していました。

いっぽう、中国では日本の中国本土侵略戦争発動の動きに危機感をいだいた学生たちが抗日救国運動に立ち上がり、それが多くの中国民衆の支持を獲得して広範な抗日運動が展開されました。やがてそれが1936年12月の張学良による西安事件に発展し、蒋介石国民政府が共産党と紅軍の革命政権への撲滅作戦を放棄し、国民党と共産党が一致して抗日戦争を戦うことが合意されました。

1937年に入ると3月1日、東条英機が関東軍参謀長に任命され、満州における治安粛清作戦が発動されました。日本国内では5月、重要産業5カ年計画が策定され、7月の日中戦争の開始により、経済統制の主眼は既存経済力の軍需工業への集中の方向に転換しました。

以上の記載は、笠原十九司の「日中戦争はどのように準備されたか」(1)を要約しています。

研究処のキーパーソン・安達誠太郎

安達誠太郎は、馬疫研究処の初代処長に任命されてから6年間、研究処のキーパーソンとして常に重要な役割を演じているように思えます。最初に江田いづみの論考(2)、安達「供述書」(3)および「馬疫研究処研究報告」解題(4)を参照、彼の経歴を整理したいと思います。

*

安達誠太郎は、1886年、三重県に生まれ、東京帝国大学農学部獣医学科を卒業、陸軍獣医学校教官（陸軍獣医中佐）から「満州国」成立後の1932年8月、関東軍臨時病馬収容所の所長になりました。

約1年後、1933年7月、「満州国」国務院・軍政部馬政局の設立に際し、第1科長（第3科長・兼任）に転出しました。第1科は「競馬に関する事項」、第3科は「馬の防疫、衛生に関する事項」を取り扱っていました。

「経歴」の中途ですが、ここで馬政局設立の目的と背景に触れてみたいと思います。安達が日本に帰国後に記した「ああ満州：国つくり産業開発者の手記」(5)（以下、『安達回顧』と略記）によれば、「満州事変の結果、馬産の主要を占める軍馬の生産は満州に委嘱する目的で昭和8年8月満州馬政局を創立し馬政20年計画を立案した。これにより将来、日本の軍馬は満州馬を改良してその供給を仰ぐことに方針を定めた」と述べ、その財源を確保するため、「まず世界に類例のない国営競馬をハルピン、牡丹江、新京、吉林、撫順、安東、営口、錦州の10カ所で開催しその収益で馬政費にあて馬政建設を実施した」と、馬政局設立時に特別会計が新設された経緯が得々と語られています。

この特別会計は当時「賽馬」と呼ばれ、「満州国」高級官僚（総務庁次長）の古海忠幸が「賭博行為を政府自ら計画し満州馬事公会をしてこれを経営せしめた」[6] と、撫順戦犯管理所における供述書の中で解説をしています。

1937 年 2 月、安達は「満州国」大陸科学院・馬疫研究処長に就任、この間 1942 年 2 月まで新京畜産獣医大学教授も兼任しました。

1942 年 3 月、研究処長を退官後、「満州国」の馬事公会理事兼総務部長に転出、「1945 年 8 月 15 日、日本降伏にいたった」と供述書で経歴を述べています。

以上をまとめると、彼は陸軍獣医学校から関東軍に転じた生粋の軍人（陸軍獣医官）で、臨時病馬収容所の 2 代目の所長を経験した後に馬政局の科長を経て、馬疫研究処長に就任しています。

研究処の設立（1937 年 2 月）と目的

設立の経緯を知るため、馬疫研究処概観 [7] から研究処の沿革を参照、その目的をたどります。

「……馬政局創立以来同局において防疫永年計画を樹立しこれが防遏対策に腐心の結果、炭疽に対しては最近 漸 くその効果を顕わし従来のごとき爆発的惨害を防止するに至りたるも、実に全馬匹の 25 ％乃至 50 ％におよぶ鼻疽の防遏については最も苦慮しあるところにして、到底尋常手段を以てその成果を期待し得べきにあらず、究極するところ、予防 竝 治療法の発見を俟ついあらざれば永久に解決の方途なきものと認む。……」と、炭疽の防疫はようやく落ち着いてきたが、いっぽうで鼻疽対策は「予防と治療法の発見」を待つ以外に抜本的な解決策は非常に困難であるとしています。

先に引用した『安達回顧』も、「鼻疽対策は最も困難な問題であって、本病は人にも感染する恐るべき不治の難病であるから世界の文明各国は殺処分によってこれを根絶せられたのであるが、独り満州国においては全馬数 200

万頭の30％を占める約60万頭の罹病状況であるから、これを他国のように殺すことは交通、産業の破滅をきたすので、絶対不可能な問題であった。何とかしてその治療法を発見してこれを撲滅することを急がねばならなかった。それで政府は昭和11年寛城子に馬疫研究処を創立した次第である」と、沿革とほぼ同じ内容が記載されています。

1937年2月18日、「馬疫研究処官制ヲ交付シ……安達処長ノ任命ト共ニ其ノ規模ヲ定メタリ」と、安達を処長に任命、研究処に細菌、病理化学、製剤の各研究室を設けました。その後、安達が研究処長として具体的にどのような役割を演じたかは、第6章で詳しく分析します。

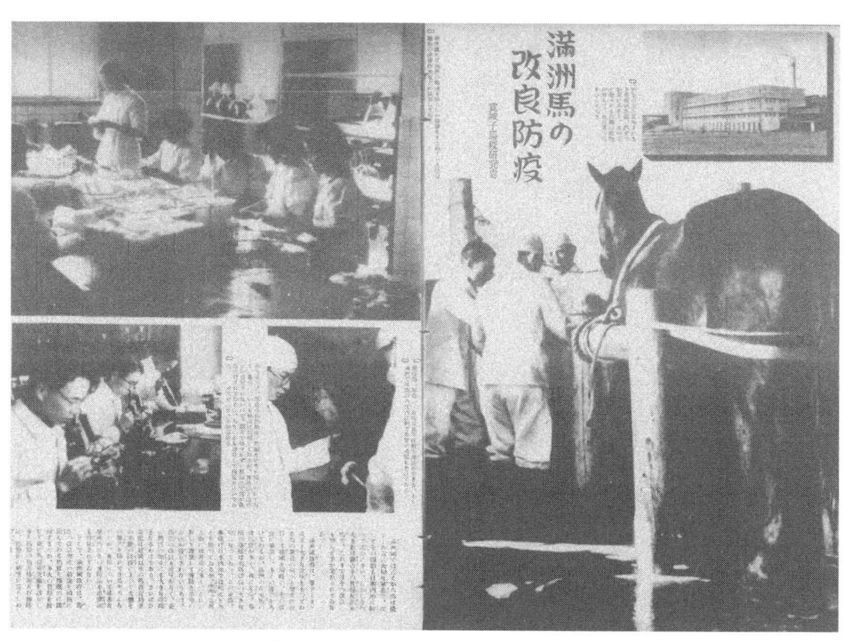
満洲馬の改良防疫

1940年1月22日の写真週報（内閣情報局）
第152号に掲載された馬疫研究処の紹介記事
（国立公文書館の資料 A06031074700）

研究処における鼻疽研究は前途遼遠

第３章で獣研の鼻疽菌のマウス感染試験中に起きた実験室内感染の経緯について詳しく分析しました。マウスの感染実験は、鼻疽の予防法につながる可能性を秘めた研究課題であると同時に、常にヒトへの感染の危険を伴う研究手法です。このことから、研究処が目標に掲げた鼻疽の「予防と治療法の発見」の行く末は、なにか非常に悩ましい問題が浮上してくるような予感がします。

1. 鼻疽の防疫対策を考える

ここで筆者が専門としてきた獣医疫学の立場から満州における鼻疽の防疫対策を考えてみたいと思います。

満州のような鼻疽の流行地域においては、さまざまな社会的・経済的要因を検討し、最初に馬の移動を地域ごとに行政的に制限します。そして、馬が出入りするときには、かならず生体検査の実施（検疫）とマレイン診断液による鼻疽の検診を行います。また必要に応じて採血を実施、血清による補体結合反応の検査も行います。

もし、検疫時に鼻疽の感染馬が臨床的に見つかる場合、それらは速やかに殺処分します。またマレイン反応で陽性や疑陽性例が発見された場合、直ちにそれらを隔離、合わせて補体結合反応などの血清検査を行い、経過観察と判定結果で殺処分を行います。

殺処分した馬は、かならず病理解剖を実施、病変から鼻疽菌の分離を行います。検査結果の陽性例と剖検所見と鼻疽菌の分離結果の症例データを積み重ねることによって、鼻疽感染馬の標準的な判定基準（Gold Standard）[8] を確立することが重要になります。ただし、マレイン反応と補体結合反応の検査結果の関連性（感度と特異度）について疫学的にどのように判断するかは、この時代はまだ疫学理論が確立されていないため、それは非常に難しい課題であったと考えています。

しかし、理想論はさておき、当面の鼻疽を清浄化するためには、先の一連の過程（殺処分）を繰り返すことで、一定集団における鼻疽の感染割合を下げ、清浄集団や清浄地域を次第に増やしていく方策が唯一の手段であるように思えます。このような方策がワクチンを使用しない（できない）場合の家畜伝染病対策の基本となります。

問題なのは、戦争状態で治安が悪く緊張する状態が続く当時の満州において、しかも、作戦上どこに移動するかわからない軍馬集団が対象に含まれる場合は、このような防疫対策による清浄化は非常に難しいように思われます。満州時代にタイムスリップできない中で現代の者が一般論で考える、“机上の空論”かもしれません。

＊

いっぽう、獣研の山際は鼻疽の防疫対策をどのように考えていたかを紹介します[9]。

「満州が、諸先進国の前には顔出しができぬ醜状（しゅうじょう）（広辞苑：みにくくけがらわしいありさま）にあって自らはその図るべからざる損害に甘んじておる実情は、先程来のお話でおわかりになったことと存じますが、然らば、これをいかにすべきと言うのであります。先進諸国の光輝ある鼻疽絶滅の足跡を歩むべしといふ論者であります。申す迄も無く、予防法、治療法の発見等は未だ何処（どこ）でもなされてはおらぬのですが、尚且（なおかつ）満州に於いても案外容易に撲滅できるものと信じます。（中略）鼻疽菌の発見されたのは、1882年で、すでに50余年の昔ですが、驚くべき事は、すでにそれ以前すなわち、細菌学の無い時代に於いて、立派に、鼻疽予防対策が確立せられ、強力に実行せられたのであります。もちろん原因が判らない時代でありますから、原因、病状に対する実にいろいろであったのですが確実かつ誤りなしに、防遏対策がとられていたのです。

届出の義務、疑症馬の隔離、患馬の診察および細心の屠殺、発生厩舎の監視、消毒、規則違反者に対しては、多額の罰金は勿論、数年の投獄という罰を加えました。（中略）科学の発達した現在にあって、私共に欠けたものは鼻疽防疫対策を講ぜんとする誠意と官民の熱意あふるる強力な実行であることは、即座に判断がつく様に考えますが、いかがでございませうか」

山際の考え方は、時代の雰囲気を反映した“警察獣医的”（強権的）行政手法の発想がところどころにうかがわれます。しかし、山際はヨーロッパの先進国のいずれもが第1次世界大戦後に鼻疽の撲滅を達成していることから、満州においても鼻疽の撲滅は決して不可能でないと論じています。

また、1880年頃の鼻疽の例をあげるまでもなく、また原因となる病原体が発見されない時代にあっても、疾病の流行・伝播様式を調査することで伝播経路を遮断し、予防対策を実行することは充分に可能です。

例えば、疫学の歴史上の有名な事例として、「ジョン・スノーが1848年の英国ロンドンにおけるヒトのコレラ流行時に、コレラ患者の発生場所を地図上で調査し、コレラ患者の多数が飲料水として使っていたブロードストリートにある共同井戸を確認し、それを閉鎖することによって、その後コレラの発生を抑えることができた」[10] など、数多くあげられます。なお原因となるコレラ菌はこの事例から35年後の1883年、ロベルト・コッホによって発見されました。

さらに、安達が馬政局第3科長を務めていたとき、以下のような鼻疽対策の記述が『安達回顧』にありました。

＊

「鼻ソ馬は殺すことはできないから平素これを使役しながら、鼻ソ対策を講じることが、満州の馬政を困難にしたのである。従って鼻ソ対策として第1は行政的方法、第2は治療法の研究の両方面から本病の根絶を計画した次第である。行政的方法は全国を1号地区（清浄）と2号地区（汚染）にわけ1号地区は軍事、産業上重要な地域を指定し毎年防疫を実施して漸次1号地区を広げ20カ年で全満州を清浄する計画である」と、この記述は具体的ですが、行政指導で鼻疽対策を実施、しかも20年もの時間がかかる壮大な計画であり、当時の満州情勢からみていかがなものかと思われます。

その後文献検索で、裏付けとなる資料「鼻疽防遏実施の概要に就いて」[11] と「馬疫防遏施設案に就いて」[12] を見つけることができました。いずれも、第9回日満家畜防疫会議（1936年10月22日～24日：新京日満軍人会館）[13]

の報告です。内容を参照すると、『安達回顧』の記述は単なる放言ではなく、「満州国」の馬政局による具体的な計画案でした。しかし、当時の政治・軍事情勢から、安達が提起した“行政的方法”で鼻疽の防疫対策が現実に機能するとは到底思えず、やはり“机上の計画”で終わってしまったように思われます。

2. 鼻疽「治療法の研究」の展開

『安達回顧』は鼻疽対策の第2の方法として「治療法の研究」を提示しています。具体的には、馬疫研究処が目標に掲げる「治療法の研究」と同じと思われます。どのように展開したのか、たいへん興味が湧く問題です。『安達回顧』を読み進めます。

*

「鼻疽治療法の研究について特に研究員を督励した結果、蒙古杏仁から抽出した『アミグダリン』の1％溶液を1カ月間連続注射すると患馬は元気が快復して栄養が良くなり血液検査の結果、漸次病勢が衰え次第に快方に向かうことを知った。この注射の試験は馬政局、満州国部隊、日本軍100部隊等で実施したが鼻疽の恢復率は約69％の好成績を得た」と、たいへん得意げに記されていました。

仮にこれが事実であるとしても、馬にアミグダリンのような青酸を1カ月も連続注射する治療法が鼻疽感染に有効であるとはにわかに信じがたい記載です。しかし、意外なことに1943年、このような治療法が関東軍の現場（100部隊）に実在していたことが、偽第6軍管区少将獣医処長抗承祖による高橋隆篤告発資料（1954年4月6日）[14]の内容から判明しました。供述内容を以下に紹介します。

*

「私はソ連にいたとき、ソ連が尋問した細菌戦犯に関東軍獣医部長高橋隆篤がいること、ならびに細菌製造をした100部隊のことを聞いた。私は1943年3月、偽（注：「満州国」）軍事部が開催した各軍管区獣医処長会議にて、高橋隆篤が報告をおこなったのを記憶している。当時『満州国』の部隊では鼻疽馬の治療をはじめており、この鼻疽注射薬は彼が発明した。会議の2日目に、私たちは召集されて関東軍獣医部直属部隊である寛城子駐屯の並河部隊を見学し、部隊長の並河獣医大佐が鼻疽治療の問題について説明し、鼻疽馬に注射を施した。この並河部隊こそが関東軍獣医部の細菌研究部門だったのである。私はノモンハン事件のときにも日本軍は炭疽病をまき散らし、炭疽菌を入れた薬瓶が発見されたと聞いている」

このことから、1943年以前に、関東軍で鼻疽に感染した馬に薬剤による治療実験が実施されていた事実だけはこの供述で裏付けられました。そして、高橋隆篤が発明したという鼻疽注射薬はアミグダリンである可能性も考えられます。

なお、供述にある1943年当時の100部隊長は若松有次郎で、並河才三ではありません。“会議2日目”についての供述は“寛城子駐屯の並河部隊”となっていることから、見学した時期は1943年でなく、1935年頃だと思われます（供述内容は、2つの事柄を1つに混ぜ合わせている）。

また“ノモンハン事件で日本軍は炭疽病をまき散らしたと聞いている”の供述は、今のところそれを裏付けるような資料は見当たりません。

さらに、『安達回顧』で彼が自慢する“鼻疽の恢復率69％”を示すアミグダリンの治療成績は、根拠となる報告や研究論文はどこにも見当たりません。

しかし、アミグダリンが関連すると思われる資料が、1936年の第9回日満家畜防疫会議における陸軍省兵務局陸軍3等獣医正若松有次郎の「鼻疽の予防竝治療に関する研究」[15]の報告にありました。

＊

「鼻疽の化学療法中関東軍臨時病馬廠において高橋獣医正の特製せる青化銅加里最も研究的価値あることを報告せしが（中略）更に研究の要あるものと思考し（中略）アミグダリンにて海猽（注：モルモット）鼻疽につき実験的治療試験を実施せり」「未だ実験例少なく今俄にその結果を判定し得ざるもアミグダリン（中略）顕著なる治療的効果を認め難し」と、若松は今後さらに研究が必要と述べ、アミグダリンによる鼻疽の治療が有効とは言い難い報告でした。このように高橋隆篤が臨時軍馬廠にいた頃（1933年～35年）から始まったアミグダリンによる鼻疽の治療は、“海の物とも山の物とも付かない”状況にあったと思われます。

さらに、関連文献を探したところ、1943年8月の第4回大陸科学院研究報告集会演題集に「接種満馬鼻疽に対するAmigdalinの影響に就いて」（馬疫研究処・末兼敏男）(16)の記載がありました。しかし、これは演題名だけで抄録を入手できません。

そして、1943年の満州獣医畜産学会の第2回総会及学術講演会記事に「アミグダリンによる鼻疽治療及其の観察の概要」（森野七雄・発表）の記事(17)があり、以下のような浅見望（獣研）の質問に対する演者の回答がありました。

質問：1. 多くの対照例を設けましたか、その対照例は陽転せるものなきや
　　　2. 治療群が悪化せるものなきや
演者の回答：本実験に於いては4例だけであります。対照が陽転するものもあります。治療群が悪化するものもあります。

この実験は対照も治療群も結果がまちまちで、アミグダリンによる治療効果があるとは到底考えられない試験成績でした。

以上のことを総合して考えると、鼻疽に対するアミグダリンの治療効果すなわち“この注射の試験は馬政局、満州国部隊、日本軍100部隊等で実施したが鼻疽の恢復率は約69％の好成績を得た”の記述は、どこまで真実を語っているのかわからず、放言に近いと判断されます。

3. 馬疫研究処でも鼻疽の実験室内感染がおきる

1936年の獣研の感染事故に続いて新たに馬疫研究処でも、1939年4月23日、入処からわずか1年目の研究士・木幡春夫氏（27歳・東京高等農林獣医科卒業）が鼻疽に感染・殉職する悲劇が起こりました(18)。鼻疽の実験室内感染者は、獣疫研究所の3名に続いて4人目の犠牲者になります。

このように鼻疽菌を扱う研究者に、“職業病”とまで言われる鼻疽菌のバイオハザードによる犠牲者が次から次へとあらわれました。『続・回想』に

あるように、731部隊の石井四郎や北野政次が獣研の鼻疽研究に注目していた理由の1つは、ヒトの実験室内感染例において“鼻疽菌の感染経路がどのようなものか”に興味を持っていたように思われます。

獣研における2件の感染事故とは異なり、馬疫研究処の対応は極めて簡潔で、満州獣医畜産学会雑誌21巻2号に木幡春夫氏の略歴と病歴が掲載されているだけで、詳細な記録は入手することができませんでした。

『安達回顧』はこの事故について「研究に熱心の余り貴い犠牲者となられた。満州馬政の貢献者として同氏の冥福を祈る次第である」と、こちらも極めて簡潔な言及だけです。もし、安達が獣疫研究所の鼻疽感染による殉職者3名の悲惨な結末を充分に理解していたならば、このような感想にはならないような気がします。

第3章でふれた「満州日日新聞」の報道内容と実際の実験室内感染の悲惨さとの乖離を考えると、馬疫研究処における鼻疽の実験室内感染も起こりうるべき状況下でおきていたように思われます。ますます戦争に向かって進んでいく当時の情勢のなかで、日常的に人間の命が軽く扱われていることを象徴するような出来事から戦争の本質を考えさせられます。

研究処の研究成果のゆくえ

安達誠太郎自筆供述書（1954年7月27日）「馬疫研究処の研究成果を細菌戦研究に提供した問題にかんして」(19) を以下に引用し、研究処の研究成果について内容を検討します。

1934年、関東軍獣医部長田崎武八郎の指示で、長春に畜産獣医学会が創設された。その目的は、馬疫の状況と防疫工作の成果を馬政局や後進の馬疫研究処、関東軍、「満州国」軍などに毎年発表させ、討論をおこない学術水準を高めることが試みられた。そして毎年2回（4月と10月）、馬疫研究処（馬疫研究処設立以前は馬政局）で畜産獣医学会が開催された。参加者は馬政局、畜産司、関東局、関東軍の諸部隊および「満州国」軍の獣医畜産専門員で、私は幹事の資格で会議を主催した。馬疫研究処が発表した主な研究成果は、以下のとおりである。

甲　鼻疽：感染試験、鼻疽の症状および経過、血液検査法、マレイン検査法

乙　炭疽：予防種痘の改良法、皮下注射法の効果、炭疽菌の毒力試験、炭疽菌の培養実験、炭疽菌の動物実験、炭疽菌の採取法

丙　媾疫：血液検査法、治療法および予防法

丁　腺疫：細菌採集、血清製造の改良、腺疫菌の種類、採集、培養法および動物実験など

会員にみせた標本はつぎのとおりであった。

甲　鼻疽：鼻腔、肺、各種内臓、脳

乙　炭疽：心臓、肝臓、腎臓、脾臓、大腸、小腸

丙　媾疫：皮膚、睾丸、膣管、子宮

丁　腺疫：皮膚、気管、肺、脳、鼻腔、心臓、肝臓、脾臓

馬疫研究処が研究した前述の成果は、馬疫研究処自身が発表した以外に、「満州国」畜産獣医学雑誌（注：満州獣医畜産学会雑誌か？）も発表した。同時に、前述の研究資料は、毎年100部隊の希望によりこれを提供した。これは関東軍参謀の通達をもって手続きとしていた。研究成果のなかの炭疽強毒菌は、私の指示により、渡貫研究官（主任）が研究の任にあたった。彼は炭疽研究の権威であり、彼の作った強力菌は相当に有効な強毒菌であった。100部隊はこの種の菌を持ち帰り、さらに研究改良を進め、細菌戦での使用を研究したと思われる。それゆえ、馬疫研究処の研究成果は100部隊に提供され、細菌戦研究に用いられたといえる。100部隊に提供した材料はつぎのとおりである。

炭疽：細菌および心臓、肝臓、腎臓、脾臓の標本

鼻疽：細菌および鼻腔、肺、心臓、骨髄の標本

媾疫：病原体および皮膚、睾丸、膣管、子宮の標本

腺疫：細菌および皮膚、鼻腔の標本

✤ 安達が述べている馬疫研究処の具体的な研究成果は、馬疫研究処研究報告第1号（1940年）に掲載され、その後第2号が発行されただけです。他の獣医学の専門雑誌には、とくに新しい研究成果の発表はありません。

参考までに1940年9月の馬疫研究処研究報告第1号に掲載された鼻疽関連の論文は、以下の通りです。

鼻疽菌聚落の解離　　持田勇（獣疫研究所併任）

鼻疽菌株間の性状比較研究　　村瀬信雄、佐藤祐次、田韞珠

死菌ワクチンの鼻疽感染防止力に関する研究（第1報）　　山田重治、清水文康

Protosilに依る鼻疽の化学的療法の研究　　末兼敏男

✤ 安達は、研究情報以外に渡貫研究官が開発した炭疽強毒菌を100部隊に提供したと述べています。渡貫研究官とはどのような人物であったかを調べてみました。

馬疫研究処の職員体制を大陸科学院要覧[4]で参照すると、1937年10月の要覧には名前がありません。1938年8月の要覧には細菌研究室の副研究管理官として名簿に掲載されていることから、渡貫はこの年に農林省獣疫調査所から馬疫研究処に異動したと思われます。翌1939年6月の要覧には製剤研究室の主任・副研究管理官として名簿に掲載されています。それ以降のことについては資料がないのでわかりません。

研究業績について獣疫調査所の時代までさかのぼり調査してみましたが、炭疽に関する研究業績はまったくありません。安達がこのような人物を自分の配下として研究に当たらせ評価する背景になにか不可解なものが感じられます。

第10回日満家畜防疫会議（1938年11月）[20]

第9回日満家畜防疫会議から約2年後の1938年11月9日～11日、第10回会議が「満州国」の農林大臣官邸で開かれました。

「満州国」、関東庁、満鉄、朝鮮総督府、台湾総督府、陸軍省、農林省の代表に加えて、北支、中支、蒙疆の獣医関係の代表が新たに会議に出席しています。来賓は、東京帝大、北海道帝大、各獣医専門学校、その他に内地の各道府県と警視庁の代表を合わせて114名が出席者名簿から確認されます。これまでに見られないような最大規模の会議です。

陸軍省は、兵務局長陸軍中将・今村均、兵務局獣医中佐・若松有次郎、獣医学校長獣医中将・渡辺中、獣医学校獣医少佐・辻嘉一、関東軍獣医中佐・並河才三などが出席しています。なお陸軍兵務局は、これまで軍務局にあった兵務・防備・馬政の3課が兵務局に移されて1936年7月に新たに設けられた局です。

1937年7月の日中戦争開始から1年4カ月後に開催された会議は、北支、中支、蒙疆の代表（陸軍獣医官）が出席し、当時の政治・軍事情勢を色濃く反映していると思われます。また第9回会議における鼻疽に関する2つの報告（田崎と渋谷）は、満州事変以降の関東軍と満州国軍における鼻疽の被害状況を伝えるだけで鼻疽対策を具体的にどうするかの論述はありませんでした。

しかし今回の会議は、協議事項に陸軍省から「鼻疽防遏対策に対する対策案」の具体的提案が初めて出されています。日中戦争開始によって北支のみならず中支にまで拡大した戦闘地域における鼻疽対策は、満州の状況を含め陸軍省が乗り出さなければおそらく打開策は図れないというせっぱ詰まった事情があるのかもしれません。

1. 鼻疽の防遏対策

説明の冒頭に、「鼻疽防遏に帰する諸問題はすでに本会議において幾度も審議してきたが、未だ所期の成果を挙げられない状態で、また徹底を図るべき状態であるのに（中略）、今にして根本的対策を講じなければ鼻疽の制圧は到底期待できない。産業および国防上の憂ふべき事態を醸し出す恐れがある」と強い口調で抜本的な対策を確立しなければならない現状を述べています。

次に、各国の鼻疽対策に関する情勢報告の中で「ソ連の如きは鼻疽の患馬が22％以上あったのが、系統的な防疫対策により第1次大戦後10余年でほぼ制圧した」と、仮想敵国ソ連の現状を引き合いに成功例を紹介しています。そして今、鼻疽対策の根本的解決を講じなければたいへんなことになると述べています。

満州事変以降の現況について「今次事変において多数の『支那馬』を使用するために臨時軍馬防疫廠を設置し、防疫対策を行ったにもかかわらず、すでに鼻疽が2500頭発生し……戦力維持の上で重大になりつつある」と、あえて「支那馬」という表現を使って鼻疽が2500頭も発生したことを明らかにしています。

「支那馬」および「鼻疽が2500頭発生」は、既存の資料中に見当たらず、その根拠がどのようなものかはわかりません。しかし、この発生頭数は無視できるような数でなく、鼻疽の驚くべき被害状況を表しているように思われます。

続いて「将来、極めて濃厚（30％）に鼻疽が常在する満蒙およびシベリアを戦場にして多数の支那馬を使用し、満軍軍馬（約25％の鼻疽あり）と一緒に戦闘するとき、予測できない被害を受けるかもしれない」と具体的な被害予測を述べ、明らかに対ソ戦を想定している言い回しとなっています。

さらに、「日本の産業構造からして、この時期に至っても軍馬（輜重馬）資源を確保することが急務で、そのために鼻疽の防疫対策は馬匹の増殖をはかることと並んで重要である」としています。そして、鼻疽の病態の特徴にふれ、「予防法と治療法の発見」に至らない現状でも、診断法を確立して撲滅をはかることに期待をかけています。

鼻疽の防疫および研究機関については、「最近、満州国において産業ならびに軍事的見地より鼻疽防疫5ヶ年計画を樹立し、また率先して馬疫研究処を創立し鋭意之が防疫ならびに予防法を解決の企画しあるも、未だ成果の見るべきものなく」と、設立まもない馬疫研究処に早急な成果を促す内容となっています。

「北支と蒙疆（注：日本の占領地域）に至っては原始的範囲をでず、軍部以外に国家的施設はない状況で鼻疽問題の解決は難しい」と、中国における鼻疽対策を“一刀両断”に切り捨て、最後に「鼻疽の防疫と予防法の抜本対策は１日の猶予を許さない緊急の事項」と断じています。

2.「鼻疽の防遏対策」の対策案

対策案の説明になると論調はかなりの落ち着きを取り戻し、一転して“妥当”と思われる方針案を提起しています。鼻疽の調査研究の促進は、既存の研究機関の強化、国立鼻疽研究所の設置、防疫技術員の養成のために獣医学教育機関の改善などをあげ、満州国内の鼻疽防疫の徹底と新たに支那（注：日本軍の占領地域）における鼻疽防疫施設の整備の促進などを掲げています。

3. 獣医学教育機関の改善

「日本における獣医学教育機関の貧弱さは世界に比較しても言い過ぎではない」として、以下のように指摘しています。

当時の獣医学の教育機関は、大学は東京帝国大学農学部獣医学科と北海道帝国大学農学部畜産学科第２部（注：獣医学科）の２校、専門学校は東京、盛岡、宮崎の各高等農林学校の３校と私立の獣医専門学校（麻布、東京、日本）の３校だけです。

例えば、東大は学生の必須が20科目だが、それに対して教授が５名、助教授が１名、助手が４名です。同様に北大も教授が３名、助教授が２名、助手が３名です。両大学ともに研究費が極めて少なく、各教室とも数百円に過ぎず、教授が１人で2、３科目を担当する状態。各専門学校は大学よりも授業内容が低く、私立専門学校に至ってはさらに貧弱です。

改善案の中で、「満州国、蒙古、中国北部は一大畜産国で、牛、馬、めん羊、山羊、豚、ラクダなどの家畜は日常生活と密接に関係し、生活必需品である」と、農業が米作中心の日本とはまったく異なる農業環境にあることを強調し、日本の畜産資源はこれらに依存せざるをえないとしています。

陸軍省が日本の獣医学教育の水準の低さを具体例で示す形でこのような現状認識に至った背景は、満州における植民地経営の実経験から“獣医・畜産分野における技術問題”に直面し、その悩みが浮上しているようにも考えられます。陸軍が日本の獣医学の教育水準向上についてこのような形で具体的に要求している事実を初めて知りました（改善案の具体的内容は省略）。

関東軍は満州で軍馬における鼻疽の防疫を実施するため、軍馬防疫廠を設立、さらに研究面で馬疫研究処を設立してきました。しかしながら、1938年末になっても鼻疽の防疫対策と研究は陸軍省が期待するほど成果があがらない“苛立ち”の根底になにがあるのか、これらの資料だけからは十分読み解けません。

満州における鼻疽対策[21]の混迷

本章の前半で、安達が馬政局時代にまとめた2つの鼻疽対策にふれました。ここでは、第10回日満家畜防疫会議から1カ月後の1938年12月、「満州国」の家畜伝染病予防法として、鼻疽対策を制定・公布する経緯を述べた安達の講演（第2回満州学術連合会）要旨を紹介し、満州における鼻疽対策の行く末を検討します。

*

「東亜の時局はますます重大となり、北支より中支にわたる戦線は漸次(ぜんじ)拡大し、日本国内はほとんど総動員体制に移りたる今日、日満一体、東洋平和のため両国民は長期戦に対する覚悟を以(もっ)て、自粛自戒、国に殉ずる決意を要するものあり」と、冒頭の時局認識は、日中戦争の拡大、日本国内における戦時体制と国家統制の強化などを取り上げて、長期戦を覚悟して“国に殉ずる（注：国のために命をなげだす）決意”と述べています。続いて、「戦時における軍馬の必要数はここに明記することはできないが、国防上馬匹の需要はますます増加するのにかかわらず、満州産馬の現況は緊急に増殖の必要にせまられている。しかし、満州国内に拡がる鼻疽が障害となり、時局に対応した急速な増殖は期待できず、受胎率を高めることが増殖につながるため、鼻疽の防疫強化が緊急の問題」と、鼻疽対策の強化を緊急課題としています。そして、「文明国は、鼻疽対策は法律による殺処分で清浄化してきたが、『満州国』は多数の鼻疽馬がいるため殺処分をした場合、産業と国防資源の保持ができないので、この方式は絶対に不可能である」と、殺処分方式を明確に否定しています。

そして“独創的対策”と安達が自画自賛する清浄地区と汚染地区の地域的隔離法が登場します。「隔離法は、軍事、馬産、移民地などの重要地区を清浄地域に指定、そこでは検疫、消毒、共同厩舎などの施設をもうけ、鼻疽馬の移入を厳禁し、現存の病馬は地区外に移出を強制し地区内を清浄化する。同時に汚染地区を指定し、隔離厩舎などに鼻疽馬を集める。また、鼻疽馬の１％は開放性で鼻疽菌をまき散らすので、発見次第、殺処分し１頭50円以内の補償金を払う予定である」と、先の『安達回顧』の対策に比較するとより具体的に述べています。

しかし、「この方法に一般民衆の民度が低く衛生知識が乏しいので、せっかくの独創的な方法も実績がなく、畜産局で宣伝部をたちあげ、パンフレット、ポスターなどを配布、衛生思想の普及につとめている」と、苦しい現状を語り、結論として、「以上述べたように、鼻疽対策は極めて困難な事業で、莫大な経費と努力をしても、根本的に鼻疽を撲滅するのは至難であり、究極のところ『予防と治療法の発見』を待つしかない」と、馬疫研究処長の立場で“鼻疽対策は手の下しようがない”ともとれる本音を述べています。

安達の講演内容から推察すると、満州における鼻疽対策は、日中戦争の拡大によって満州から中国戦線へ多数の軍馬（輜重馬）を派遣する軍馬需要の対応策に重点が移っていくように思われます。

軍馬の需要の増大を裏付けるものとして、当時の軍馬動員数の変化を述べた大瀧真俊の論文[22]は、「満州事変時（1931年）も約５万頭の動員に留まっていた。しかし日中戦争（1937年）以降、軍馬の動員数は劇的に増加した。例えば1941年に実施された関東軍特種演習だけでも13万頭が動員されており、また同年12月に全方面軍を合わせて39.4万頭が行軍中であった。（中略）このように日中戦争以降に大量の軍馬が必要とされた理由として、①自動車の運用が困難な悪路の多さ（特に中国戦線）、②自動車工業の未発達、③燃料資源の不足などが指摘されている」と、述べています。

以上のように、“軍馬の需要に応える満州産馬の増殖計画推進”のため、満州における鼻疽対策は「予防と治療法の発見」に期待するだけで、対策の中心に位置する“鼻疽の清浄化”は完全に建前になってしまった感があります。

引用文献

(1) 笠原十九司（2017）『日中戦争全史（上）』高文研、156－203
(2) 江田いづみ（1997）「関東軍軍馬防疫廠　100部隊像の再構成」『戦争と疫病』本の友社、41－71
(3) 江田憲治・兒嶋俊郎・松村高夫編訳（1991）『人体実験―731部隊とその周辺』同文館、229－250
(4) 岡村敬二（2010）「『馬疫研究処研究報告』解題および第1号目次」、戦前期中国東北部刊行日本語資料の書誌的研究、62－65
(5) 安達誠太郎（1965）「ああ満州：国つくり産業開発者の手記」満州回顧集刊行会、711－713
(6) 岡部牧夫・荻野富士夫・吉田裕編（2010）『中国侵略の証言者たち―「認罪」の記録を読む』岩波新書、56
(7) 馬疫研究処概観（1938）満州獣医畜産学会雑誌20、35－38
(8) KENNETH J. ROTHMAN（2013）（矢野英二・橋本英樹・大脇和浩監訳）『ロスマンの疫学』第2版、328
(9) 山際三郎（1936）「殉職せられたる英霊を弔いて鼻疽を語る」満州獣医畜産学会雑誌18、310－311
(10) 重松逸造・柳川洋（1991）『新しい疫学』日本公衆衛生協会、7
(11) 安達誠太郎（1936）満州獣医畜産学会雑誌18、544－556
(12) 同上、557－569
(13) 久米定一（1936）「第9回日満家畜防疫会議所見」満州獣医畜産学会雑誌18、571－581
(14) 江田憲治・兒嶋俊郎・松村高夫編訳（1991）「人体実験―731部隊とその周辺」同文館、235－236
(15) 若松有次郎（1936）「鼻疽の予防竝治療に関する研究」満州獣医畜産学会雑誌18、419－428
(16) 富岡秀義編（1993）『回想・奉天獣研20年』237
(17) 第2回総会及学術講演会記事（1943）満州獣医畜産学雑誌2（4）、71
(18) 富岡秀義編（1993）『回想・奉天獣研』181
(19) 江田憲治・兒嶋俊郎・松村高夫編訳（1991）『人体実験―731部隊とその周辺』同文館、241－242

(20)　宮内忠男（1938）「第十回日満家畜防疫会議概況」満州獣医畜産学会雑誌20(4)、27－47
(21)　安達誠太郎（1938）「満州に於ける鼻疽対策に就て」満州獣医畜産学会雑誌20(4)、48－50
(22)　大瀧真俊（2016）「帝国日本の軍馬政策と馬生産・利用・流通の近代化」日本獣医史学雑誌53、33

第6章

100部隊（軍馬防疫廠）を支援した安達誠太郎

安達誠太郎は撫順戦犯管理所に収容されているとき、1問1答形式の供述と自筆供述書を書き残しています[1]。とくに馬疫研究処長の在任期間（1937年2月～1942年3月）に、100部隊を支援した内容と100部隊の活動について見聞きした事実を具体的に数多く供述しています。それらを逐次検討する前に、安達が供述書を書くまでに至る経緯を検討したいと思います。

安達が供述書を書くまでの経緯

岩波新書『中国侵略者の証言』は、「1956年6月から7月にかけて中国で45名の日本人が戦犯裁判を受けました。当時の撫順戦犯管理所には、満州を占領したソ連軍にシベリア抑留され、後に戦犯容疑で中国側に引き渡された969名が、同じく戦犯容疑で太原戦犯管理所に収容されていた140名と合わせて1,109名が収容されていました」「中国側はいわゆる『人道政策』にもとづいて忍耐強い教育をほどこした。はじめ反抗的だった戦犯たちもやがてほとんどが自己の行為の犯罪性にめざめ、それを自筆供述書にまとめ、手記にして発表した」[2]と、撫順戦犯管理所に収容された戦犯が供述に至る経過を簡潔に説明しています。

さらに、新井利男の「供述書はこうして書かれた」[3]には、「1954年1月から、中国政府は戦犯の本格的な罪状調査を始め、“罪行は事実のみを正確に記すこと、拡大しても縮小してもいけない”」「尋問は決して強制せず、あくまで本人の自白を尊重した」と書かれています。

その後、中国における戦犯裁判（1956年7月：瀋陽）で起訴された45名以外は不起訴となり、1956年7～9月、3回に分けて釈放され日本に帰国しました。安達もその内の1人と思われます。しかし、帰国後に書かれた『安達回顧』は、戦犯管理所に収容されていたことや供述書についてはまったくふれていません。

上記の客観的な事実に対して、安達がどのような経過で撫順戦犯管理所に収容されることになったか、筆者はその理由がわからずにいました。

江田いづみは、「安達誠太郎は戦後も中国東北部にとどまり、1950年代にハルビン農学院教授の地位にあったが、のちに撫順戦犯管理所に収監された」(4) と、経緯だけを記しています。しかし、獣研の『回想』の「故人となった所員の追憶」に岩下町子（岩下光之夫人）の礼状(5) があり、以下のような記述がみつかりました。

*

「『8・15』後主人は戦犯容疑で元馬疫研究処長だった安達誠太郎さんとともに連行され拘留中に、暑さと食事の悪さから体調をくずしていたとき、中国での『三反・五反運動』という学習の中で裁判の終わりをまたずにひとりで淋しく亡くなったときかされ、主人が可愛そうで、泣くにも泣けませんでした」と、馬疫研究処の岩下光之が中国側に拘留された経緯が書かれており、そこに「安達」の名前がありました。

さらに、ハルビン農学院教授として八路軍に留用された日本人家族の記録『満州、チャーズの悲劇』(6) にもハルビン在住（留用）時代の同僚に「安達」と「岩下」の名前がありました。

以上のことから、安達が撫順戦犯管理所に収監される経緯が新たな資料で補強されました。そして、馬疫研究処から安達以外に岩下光之が戦犯容疑で拘束されたことも判明しました。獣研の『回想』によれば、岩下光之は大連衛生研究所から獣研を経て、馬疫研究処で鼻疽菌や炭疽菌の研究にかかわっています(7)。しかし、岩下が中国側の取り調べを受けた経緯は外に記録が見つかりません。2017年8月19日の「中国網日本語版（チャイナネット）」は「岩下光之が大連衛生研究所の在職中に炭疽菌を生産した事実を述べた自筆供述書が見つかった」(8) とだけ報じています。

安達「供述書」の検討

馬疫研究処は組織上で「満州国」大陸科学院傘下の研究機関と位置づけられていますが、安達「供述書」の内容を読み解くと研究処のほぼすべての活動は関東軍の命令と指導によって動かされている状況がよくわかります。

以下、供述書の内容で重要と思われる部分は、筆者の判断で内容を端的に表す“見出し”をつけ、また必要と思われる部分にコメントを加えました。

「自筆供述書」(1954年7月3日)[9]

“1934年の研修会で「炭疽菌の撒布」を提案”

在郷将校学習に参加中、私が職務上で犯した犯罪行為

1934年1月、私が馬政局第3科長をつとめていたとき、関東軍獣医部長主催のもと長春在住の在郷獣医将校を招集し、……同時に、「東北において家畜細菌戦を進める時期と方法について」の研修をおこなった。このとき私は、1916年に陸軍獣医学校で学んでいたとき、田川謙吉教官が細菌学の講義中に述べた「家畜細菌戦をおこなうとき、不利な状況にある友軍を時を移さず危険地区から撤退させる有効な措置は、炭疽菌を干し草の上に散布することである」という方法を思い出し、つぎのような意見を提出した――「東北で家畜の細菌戦をおこなうにあたり、もし友軍が一時的に不利な情況に陥ったとき、時期をいっせず撤退させるのに有効な措置は、炭疽菌を鉄道沿線の干し草採集地帯に散布することである」。この意見は各専門家の研究・討論をへて、獣医部長の原案と基本的に一致し、これを課題とすることで、総括がおこなわれた。この時期、関東軍がわれわれにこの課題を進めるように命じたのは、彼らにすでに家畜細菌戦をおこなう意図があり、具体的な構想をもっていたことによるものである。この状況下、課題が総括と一致した結果を得れば、正しいと考えられた。私が

以前学んだ家畜細菌戦についての脱出方法を東北地区に応用することを提案したことは、事実上、家畜細菌戦の研究を進めたことを意味する。

✚ 在郷軍人会の研修で、具体的に細菌戦を進める時期と方法を研修していることから、関東軍獣医部は1934年時点で家畜細菌戦の研究の具体化をおこなっていた事実が裏付けられます。さらに安達自身も研修会で「炭疽菌の撒布」を積極的に提案、家畜の細菌戦研究への関与を認めています。

「供述書」(1954年7月10日)(10)

“100部隊の細菌戦は関東軍参謀部が、技術は獣医部長が指導”

問：自分自身の問題についてどのように考えたか。

答：私は帰って考えてみた。なんども問いだされた100部隊に細菌を提供した件についてであるが、今私が思いだすのはつぎのことだ――100部隊の仕事は2つに分かれる。ひとつは馬疫研究処の仕事同様に、炭疽、鼻疽、腺疫*1、媾疫*2、そして伝染性貧血*3の研究および血清の製造である。これらはすべて防疫用のもので、技術的には関東軍獣医部長の指導を受けた。もうひとつの仕事は細菌戦に関するもので、関東軍参謀部第1課の指導を受け、技術的にはこれも獣医部長の指導を仰いでいた。

“高橋隆篤と若松有次郎は安達の同窓（東京帝国大学農学部獣医学科）”

私はかって2度、100部隊に赴いたことがある。1回めは設立当初で、当時の部隊長は高島だった。2度目は100部隊の記念日だったので行ったのだが、当時の部隊長は若松で、ざっと見て回った。それ以外に、高島部隊長、関東軍獣医部長高橋、若松と話をしたことがあり、この2つの面から私は100部隊の状況を理解した。そのほかは私の推測だが、間違いないと思う。獣医部長高橋は私の同級生で、いまソ連におり、細菌戦犯として懲役25年を言い渡された。若松は私の5年後輩である。

100部隊の情況はあまりよく知らないが、部隊長1名、副官1名、研究員5、6名、尉官15から20名、下士官2、30名、馬の世話役300名前後、馬500頭から800頭、土地30平方メートルから50平方メートルくらいだったと思う〔原注：数字には誤りがある。別の調査資料によると36万平方メートルとある〕。

問：100部隊はどうして対外的には獣疫予防部と称したのか。

答：わからない。平素表向きにおこなっていた仕事は、馬疫研究処の仕事と同様防疫のためだった。じつは帝国主義のために家畜細菌戦をおこなうものだったのだが。

問：いつ100部隊に行ったのか。

答：1回めは1939年か40年、孟家屯に新設されたときで、部隊長は高島だった。2回目は1944年10月1日で、当時の部隊長は若松だった。

問：高島が部隊長に在職時、100部隊に細菌培養の器具、設備は完備していたか。

答：当時、設備は割合完備していた。またひとつ思いだしたが、細菌研究室があり、その下は3つに分かれていた。病理室、化学室、細菌研究室である。そのほかに農事研究室があった。細菌研究室内には孵卵器室、冷蔵庫、培養室、製剤室、小動物室（兎、鼠、「海老鼠」）があり、動物実験室もあった。病理研究室内には、小動物室、解剖室、ボイラーと実験用馬小屋があり、細菌の結果を検査するところであった。化学研究室内にも小動物室、計量室、薬物室があり、実験室は2つあった。それから農事研究室の設備だが（これはのちに聞いたことである）、害虫や昆虫の農作物（高粱、トウモロコシ、白菜、ジャガイモ）に対する害を研究するもので、日本から来た2人の人物がもっぱら研究に従事していると聞いた。これも非公開であった。

問：これらの研究室の研究員の技術は高度であったか。

答：当時の状況は詳しく知らないが、私は100部隊の研究者はみな優秀な人材であったと思う。というのは、日本陸軍が招いた獣医はみな各大学から選抜されてきたもので、彼らは細菌研究の権威である。馬疫研究処の人員は彼らよりやや劣った。

問：技術面で彼らにどのような教育をしたか。

答：私は馬種の研究をしていたので、細菌に関しては素人だった。このため私が彼らに教えることは何もなかった。私は日本の東京帝国大学大学院で3年間勉強したが、馬の改良について専門に研究していた。

問：前回述べた培養した炭疽菌を100部隊に渡したこと以外に、そのほかの細菌戦用の細菌をどのくらい100部隊に渡したか。

答：渡したのはごく少量である。問題は量の多少ではなく菌そのものの強さであるが、私が100部隊に渡したのは試験管2、3本であった。

問：鼻疽などの種類の菌はどうか。

答：鼻疽、マレインなども100部隊に渡したことがある。量は多くなかったが、繁殖はとても速い。腺疫は家畜を流行性感冒に感染させる。この種の菌の感染力は強く、感冒の伝染にすぎないが、軍隊では馬にたいへん有害である。しかし、予防と治療はできる。この種の菌は200種類以上あり、関東軍は各種腺疫を混ぜ合わせて血清をつくり、注射して各種腺疫を予防していたことがある。この種の細菌も、われわれはかって100部隊に提供したことがあるが、量は多くなかった。媾疫は人がかかる梅毒のような梅毒性のものであるが、もともとは病原虫で、これも治療可能で、ドイツの「914」を使えばいいのである。これも100部隊に渡したことがあるが、量は多くなかった。

問：これら毒力の強い菌株はどのようにして研究に成功したのか。

答：研究の方法は、まず細菌を小動物に注射し、その小動物が死んでから解剖し、細菌を取りだして培養する。細菌は孵卵器と培養器に分けて入れ、どちらで培養された菌が強いか観察する。このように動物の体を通すと、菌そのものの毒素は強化されるのだ。そのほかに温度処理を加える実験もある。

問：鼠と人で実験できるか。

答：鼠でできる。人間ではやったことはないが、実験しなくてもよくわかる。たとえば同じ梅毒でも、ある国の人間から他国の人間に伝染すればその毒力は強くなる。同じ理屈だ。

問：実験したことはあるのか。

答：人体実験はしたことがない。人体実験はふつうペストやチフスの類におこなう。炭疽菌などはおもに家畜を用いる。人に対する危険性はすくないからである。

✚ 安達は“人体実験はしたことがない”と即座に否定しています。馬疫研究処でのことなら当然の答えと思われます。いっぽうで“人体実験はペストやチフスでおこなう”と、聞かれてもいない事柄を明確に答えているのが気になります。もしペストやチフス菌による人体実験をおこなっていた731部隊の事実を知っていたならば、このような回答は簡単に出てくるかもしれないと思われます。

問：培養した多くの細菌を100部隊に提供したのち、彼らはどの地域に散布したのか。

答：細菌を渡してから彼らがどうしたのか、私は知らない。まずどの細菌の毒性がもっとも強いか研究したかもしれないし、直接細菌戦に使用したかもしれない。血清をつくった可能性もある。これは私の想像である。

✦ 質問にあるような病原性細菌を野外に撒布すれば、すぐに生物兵器として細菌戦に使えると考えるのはあまりにも素人考えです。例え、家畜を対象とする病原性細菌を野外に撒布するとしても、実験感染の場合と異なり、毒力判定は野外において細菌の感染力をどのくらい維持できるか、また細菌に暴露される家畜側の条件でどのように感染が成立するかなど検討すべきことは無限にあり、野外での効果判定は一般にかなり困難と思われます。

✦ 1942年夏、100部隊が「三河（サンガ）夏季演習」の大規模な野外実験で、鼻疽菌と炭疽菌を撒布した事実を参照してください（第8章）。

“処長在任の間、100部隊に炭疽菌を提供”

問：それはおそらく使用したということか、もう一度よく考えてみよ。

答：昨日私は、100部隊に炭疽菌を提供したのは1936年から42年2月で、私が馬疫研究処長をしていたときであったといった。当時、私の部下がこの種の菌を研究し、100部隊の並河、高島に渡したが、私に何もいわなかった。若松が1943年、100部隊長になったとき、私はすでに馬事公会で働いていたので、彼らは私に研究について何もいわなかった。しかし、これは大問題であるので、戻ってよく検討したい。

もともと東京に西原（注：西ヶ原）獣医調査所（注：農林省獣疫調査所）というのがあり、そこの渡貫という人が炭疽研究の権威で、馬疫研究処は彼を招いた。彼の研究していた細菌の菌力は非常に強く、これから推測すると、研究処の細菌は細菌戦に使用したかもしれない。その毒力が強力だったからである。

「供述書」(1954年8月16日)(11)

前半部分の「1問1答」はすでに第4章で検討しました。ここでは後半部分を検討します。

“研究材料の提供は関東軍参謀部命令”

問：馬疫研究処は誰の指導を受けていたのか。

答：直接には「満州国」大陸科学院長の指導を受けていた。馬疫研究処が成立したとき、関東軍が援助したことがある。それから関東軍は、馬疫研究処に100部隊へ研究材料を提供するように命じた。私も毎月1、2度関東軍獣医部に行き、直接の指導ではなかったが、会話の中でどのようにせよとの指示を受けたことがある。

問：関東軍参謀部が下した100部隊に細菌を提供せよとの命令は、どのようなものだったのか。

答：よく覚えてないが、命令は「関参4第XX号」というもので、表題は「炭疽ワクチンと炭疽血清に関して」というものだった。命令の下には参謀長のサインがあり、前には大陸科学院長あてとあった。

問：馬疫研究処長だったとき、100部隊に菌株を提供した事実について述べよ。

答：1938年から100部隊に菌株を提供しはじめ、42年に転勤するまでつづけた。提供した菌株の種類は炭疽、鼻疽、腺疫、媾疫など4種類だった。腺疫と媾疫はただ一度提供しただけだったが、鼻疽と炭疽は毎年おのおの試験管に2、3本は提供した。臨時に、1、2度提供したこともあった。試験管1本10グラムくらいあり、3本で30グラムくらいだった。じつは問題は量ではなく、菌そのものの毒力の強さにあった。100部隊は毒力の強い細菌を要望していた。このため私たちが提供したのも毒力の強いものだった。

問：100部隊への菌株の提供はどのような手続きを必要として、双方の誰によって受け渡されたのか。

答：100部隊の細菌研究室主任が馬疫研究処細菌室に赴いてきて、山田主任に要求した。山田重治は細菌を彼に渡してから私に報告した。私は「よろしい」と答えた。1週間後、関東軍は文書で細菌要求の件を事後処理した。一般にはこのようにして提供した。

“100部隊に菌株提供は細菌戦用と認識”

問：100部隊は細菌戦の研究と準備の目的で設立されたことを知っていたか。

答：知っていた。もし細菌戦の研究と準備のためでなければ、このような秘密の100部隊を設立させるはずはないからである。

問：100部隊に提供した菌株が細菌戦の研究と準備のためのものであることを知っていたのか。

答：1941年に100部隊が秘密部隊となってから、私は細菌戦の研究と準備のためのものであることを知っていた。しかし、関東軍の命令とあれば提供しないわけにはいかなかった。

問：知っていたのなら、当時どのように考えていたのか。

答：100部隊が秘密部隊となる以前は、私は何も特別な考えをもっていなかった。秘密部隊が成立してから、馬疫研究処が100部隊に細菌を提供するのは、完全に関東軍の命令によるものだった。そのとき私は、菌株の提供は細菌戦の研究と準備のためと知っていた。しかし当時、私は日本帝国主義の立場に立っていたので、関東軍の命令に対して服従していた。太平洋戦争において勝利するためには、悪いことでもなさなければならないと考えていた。

問：100部隊に何度、何をしに行ったか。

答：2度行ったことがある。1回目は高島獣医大佐が隊長だったときで、当時100部隊は孟家屯に新舎屋を建て、私は見学に招かれた。2回目は若松隊長のときで、1944年10月1日、100部隊創立記念の日だった。若松隊長は私を解剖廠、細菌研究室、病理研究室などに案内した。

"100部隊にさまざまな便宜"

問：100部隊に細菌を提供する以外にどのような援助をしたか。

答：1937年から40年にかけて、並河部隊と高島部隊がまだ寛城子にいたとき、彼らの設備はまだ不十分だったので、よく馬疫研究処に来て解剖場、培養室、冷蔵庫などを使用していた。

1937年から40年にかけて、関東軍の命令により、5万から10万ccの炭疽ワクチンおよび50万から100万ccの血清を製造し、並河、高島部隊に供給した。

1938年から41年まで、並河、高島部隊がハイラル、洮南、克山などで軍馬を買ったとき、私は関東軍の命により技術員を派遣して鼻疽の検査と炭疽予防注射の仕事を助けた。1940年前後、ガラス器具欠乏のため、細菌培養に必要な硬質ガラスは、100部隊は金があっても手に入らないという状態だった。そこで私は、彼らに相当量の硬質ガラス器具を提供した。若松が部隊長のとき、私は彼に細菌学者を紹介した。横堀畜産司長、新美畜産獣医大学学長、武富獣医学校校長などである。1944年夏、若松は私に顕微鏡の借用を申し出たので、私は阿部衛生研究所長に話して、彼に電子顕微鏡を貸すようにさせた。この顕微鏡は3万倍のもので、細菌研究にはきわめて有用なものだった。

“100部隊に炭疽強毒菌提供を継続”

問：馬疫研究処を離れるにあたり、100部隊に細菌を提供する件について、どのように新美に引き継いだのか。

答：私は新美に、馬疫研究処の研究する炭疽強毒菌は100部隊に細菌戦用に提供するもので、これまでに毎年1、2回提供してきたので、これからも以前と同様に供給するように話した。

“7年間に獣医技術者300名を集める”

問：日本に戻って募集した獣医技術者は全部で何人か。また彼らはどこに配属されたのか。

答：私は1934年から40年の7年間に、毎年10月に日本に行き、北海道大学、東北大学、東京大学、盛岡高等農林学校などで卒業生4、50名、全部で300名あまりを募り、馬政局、馬疫研究処、競馬場、畜産局、各省県公署の畜産科に配属した。100部隊に配属された者もある。

鈴木元之の安達誠太郎告発資料（1953年9月26日）[(12)]

これまで参照してきた安達「供述書」の資料中に安達に対する告発資料が含まれていました。安達の行動を外から検証するものとして紹介します。

安達誠太郎と関東軍獣医部、100部隊との関係

一、1940年10月上旬某日午後1時、100部隊附逆瀬川獣医大尉と病理科員は新京市寛城子馬疫研究処の大解剖室において、大学助手藤本および研究処病理科員1名とともに鼻疽慢性感染馬の病理解剖をおこなった。

病理解剖の所見は研究処員によって収録された。藤本助手は解剖助手と

して、さらに肝臓、脾臓、肺、リンパ腺などの臓器を収集し、組織研究資料とした。

解剖検査終了後、逆瀬川獣医大尉、柿島、松島研究官とほかの2、3の研究官は、研究処病理第1室で、解剖検査報告と組織切片の肉眼的所見によって、慢性感染馬の変化について集団協議と研究をおこなった。

二、1941年3月中旬午後1時、100部隊附逆瀬川獣医大尉と研究処病理第2室主任松島は、研究処の大解剖室で炭疽の人工感染馬に病理解剖をおこなった。

解剖検査助手〔原文記載なし〕

解剖検査所見記録：技師某

各組織臓器採取：竹内良一、小松勇助

解剖助手：今井敏雄、鈴木元之、永井正、青木静男

解剖検査終了後、病理第1室で、松島研究官より人工感染馬の病理所見変化の報告がなされ、ひきつづき質疑と研究がおこなわれた。研究・質疑事項の記録は技師によりなされた（組織切片は標本として研究資料に添付されたが、おそらく獣医部に提出されたと思われる）。

三、1942年3月下旬、従兄林鉄雄（関東軍獣医部部員）との話で知るにいたったこと—

(a) 大東亜戦争勃発後、軍は食料増産を保証するため、防疫活動を強化し、同時にソ連にたいする国防建設の必要から、本年度より500円をかけて研究処を拡大し、研究活動を強化することになった。1942年度より、軍は満州において40万頭の食用豚の供給を保証しなければならず、この任務の完遂のため、畜産司と満州畜産株式会社を獣医部の指揮下に帰した。このため馬疫研究処に課せられた新たな任務となった。

(b) 将来対ソ連戦において、重要なのは、細菌戦の謀略と防疫としての鼻疽、炭疽の問題であった。当時、研究処の鼻疽、炭疽の研究活動は少しも進展しておらず、停滞したままだった。この局面を打開するために、一部の機関を改革して、任務の完遂が期された。獣医部はこのための予算の獲得と人材交流を保証することで、軍の指導を実現し、任務の完成

を実現させようとした。同時に、研究処は炭疽、鼻疽およびそのほかの伝染病を解決する任務を担当し、後方の兵站基地となり、軍馬資源を確保する。

以上の2つの目的と軍の新しい指示により、研究処は改革と拡充を進めた。

（c）1942年3月中旬、関東軍軍人会館において合同会議を開催し、軍部の今年度の指示、任務と対策を協議した。参会者に軍獣医部町田次郎獣医部長、間庭獣医中佐、山本獣医大佐、安達誠太郎、林鉄雄獣医大尉、遊佐卓平馬政局長、畜産司（随員永野技正）がいた。

四、1942年6月、研究処会議室において、研究処と100部隊の合同会議が2日間にわたって開催された。出席者は、100部隊関係は並河歳三〔前出並川才三〕を長とする10余名で、逆瀬川獣医大尉も含まれていた。研究処関係は安達誠太郎など研究員全員であった。

1日めは各研究室の研究成果の報告が行われた。

（a）炭疽人工感染の結果、炭疽馬の形状変化およびそのほか。

（b）媾疫感染と病理の組織変化および凝集反応

（c）鼻疽について

2日めには研究テーマによってグループに分かれ、より突っ込んだ討論が行われた。

とくに軍の要求により、鼻疽、炭疽の研究を推し進めるために、中間連絡と成果報告にしたがってつぎの段階の研究計画が提出された。そして、それを100部隊に提供し、鼻疽、炭疽細菌戦研究の補助資料とした。

（以下、省略）

解説

＊1：　腺疫は、腺疫菌（*Streptcoccus equi*）によるウマ科特有の伝染病で、日本を含め世界各地で発生がみられます。接触あるいは飼料や水を介して経気道的に感染します。感染馬は、発熱、食欲不振、元気消失などの症状を示し、下顎リンパ節の腫脹および膿様鼻汁の排泄が特徴的です。鼻汁からの菌分離により確定診断を行います。

＊２： 媾疫は、交尾によって伝染するウマの伝染病で、トリパノソーマ属の原虫による疾病です。ウマでは半年～数年という慢性的な経過をたどり最終的には死亡します。致死率は 50 ～ 70 ％で、特異的な診断法がなく臨床診断だけです。ワクチンや抗血清もなく有効な治療法はありません。

＊３： 馬伝染性貧血は、レトロウイルス科のヒト免疫不全ウイルス（HIV）と近縁な馬伝染性貧血ウイルスでおこる馬の疾病です。吸血昆虫の機械的媒介が主な伝播様式で、非滅菌手術用具等からの医原性感染もあります。日本では 1970 年代から感染馬の摘発淘汰による清浄化が進められましたが、2011 年に宮崎県で野生馬である御崎馬の群に感染が認められ、感染馬は淘汰されました。臨床症状は、感染馬は 7 ～ 21 日間の潜伏期の後、41 ～ 42 ℃の高熱を発し、貧血を特徴とします。臨床症状により、高熱が数日～ 10 日間持続し約 80 ％が死亡する急性型、発熱の繰り返しにより死亡する亜急性型、繰り返される発熱が徐々に軽度となり健康馬と見分けがつかなくなる慢性型に分類されます。

引用文献

(1) 江田憲治・兒嶋俊郎・松村高夫編訳（1991）『人体実験― 731 部隊とその周辺』同文館、229 − 250
(2) 岡部牧夫・荻野富士夫・吉田裕編（2010）『中国侵略の証言者たち―「認罪」の記録を読む』岩波新書、1
(3) 新井利男・藤原彰編（1999）『侵略の証言　中国における日本人戦犯　自筆供述書』岩波書店、272 − 273
(4) 江田いづみ（1997）「関東軍軍馬防疫廠　100 部隊像の再構成」『戦争と疫病』本の友社、45 − 49
(5) 富岡秀義編（1993）『回想・奉天獣研 20 年』358
(6) 浜朝子・福渡千代（1996）『満州、チャーズの悲劇』明石書店、126
(7) 富岡秀義編（1993）『回想・奉天獣研 20 年』357
(8) http://japanese.china.org.cn/jp/txt/2917-08/19/content_41438547.htm.（2019 年 10 月最終閲覧）
(9) 江田憲治・兒嶋俊郎・松村高夫編訳（1991）『人体実験― 731 部隊とその周辺』同文館、242 − 243
(10) 同上、236 − 240
(11) 同上、231 − 235
(12) 同上、246 − 249

第7章

三友一男と100部隊の3年半

江田いづみは、「関東軍軍馬防疫廠については、ハバロフスク裁判で語られた供述・証言やその後の三友一男による回想を越える事実は指摘されておらず、われわれの前には数多くの問題が残されている」[(1)] と述べています。

今回、1933年の臨時病馬廠設立から36年の軍馬防疫廠（後の100部隊）成立までの経緯は、第4章と第6章でとりあげた安達「供述書」によって、かなり整理できたように思われます。

戦後、『細菌戦の罪』と題する回想[(2)] を残した三友一男は、1924年埼玉県に生まれ、旧制中学卒業後の1941年4月、17歳で満州に渡り、関東軍軍馬防疫廠（100部隊）の軍属（技術雇員）として1941年4月から1944年10月まで3年半を過ごしました。

1944年10月、現役召集により関東軍石頭予備士官学校に入校、敗戦後ソ連に抑留されました。100部隊の配属先（第2部第6科）で細菌戦と人体実験に関与した疑いで起訴され、ハバロフスク軍事裁判で禁固15年の判決を受けました。判決後モスクワ郊外のイワノボ将官収容所で服役、日ソ国交回復によって1956年12月、日本に帰国しました。

本章は三友の「回想」を引用し、キーワードの鼻疽を切り口に100部隊の業務について、技術雇員・三友がどのようにかかわっていたかを詳しく検討するつもりです。

なお、三友は「回想」のあとがきで「私の責任において、己の記憶と、自分の手許にある資料のみを頼りにして、事実をそのままかくことに務めたが、そこには自ら限界があったことは歪めない。又100部隊創設時の事情や、終戦時の状況等、私の知り得なかった部分を記述するに当たっては、小川儀作、平桜全作、町田時男等諸氏のお話を参考にせざるを得なかった」と記しています。本稿は、“100部隊創設時の事情”を併せて検討します。なお、『細菌戦の罪』の引用箇所の頁は（　）内に示しました。

軍馬防疫廠（100部隊）の創設・任務・編制

1. 関東軍軍馬防疫廠の創設（24～25頁）

1931年の満州事変で「関東軍は、戦線の拡大と共に兵力を増強し、急激に膨張していって、これに伴って多数の軍馬を必要としたが、内地からの補給は思うにまかせなかった。こうしたことから、現地の満馬（注：満州における在来馬）を徴発して急場を凌ぐことになった」「これに対処する為、日本馬の防疫ばかりでなく、徴発した満馬の中から鼻疽馬を選別排除する必要もあって、（中略）1933年、並河才三中佐を長とする臨時病馬廠が新京寛城子に創設された」と、鼻疽が流行している満州における創設当時の状況を述べています。

「1936年8月1日、臨時病馬廠が母体となって関東軍軍馬防疫廠が誕生。高島一雄獣医大佐が初代廠長に就任（通称・高島部隊）」

「1939年、100部隊は新京の寛城子から孟家屯に移転。このときから新庁舎で生物学的製剤（抗血清とワクチン）の製造がおこなわれるようになった」

「1940年、並河才三中佐が大佐に昇進、2代目の廠長に就任（通称・並河部隊）。部隊の施設はガスや蒸気発生装置*1のほか、厩舎・倉庫等も建設が完了」

「1941年、秘匿名が100部隊に、牡丹江支廠も141部隊となり、1941年3月、関東軍獣医部長に高橋隆篤獣医中将が着任」

2. 設立当時の軍馬防疫廠の任務（25頁）

(1) 在満部隊の保有する軍馬に対する防疫業務の協力

(2) 各種の試験研究

(3) 生物学的製剤（ワクチン類）の製造

(4) 大連港における軍馬の乗船検疫*2

3. 100部隊の編制（27〜29頁）

三友が入隊した1941年4月の編制は以下のようであった。

部隊長　　獣医大佐・並河才三

総務（庶務・人事・経理・医務科）　部長　獣医中佐・高橋雷次郎

部員：50〜60名

第1部（検疫）部長　獣医少佐・斎藤武夫　　部員：30〜40名

軍馬の血清診断、とくに鼻疽

第2部（試験研究）部長　獣医中佐・辻嘉一　　部員：150〜200名

第1科（細菌）　　　　　科長　陸軍技師・井田清

第2科（病理・解剖）　　科長　陸軍技師・小野豊

第3科（臨床・厩舎管理）科長　獣医中尉・中村良一

第4科（化学）　　　　　科長　陸軍技師・宍戸英男

第5科（植物病理）　　　科長　陸軍技師・藤田勝正

第3部（血清製造）部長　獣医少佐・阿部　　部員：100名

予防・治療に必要な診断用抗血清・ワクチン類の製造

第1科（炭疽・腺疫）、第2科（狂犬病）、第3科（厩舎管理）

第4部（資材補給）部長　獣医大尉・三宅忠雄　　部員：20〜30名

牡丹江支廠　支廠長　獣医少佐・小林七郎　　廠員：約50名

各部に厩舎があって、軍用に適さなくなった軍馬約1千頭が飼育され、実験・血清製造用動物として利用されていた。

1941年当時の部隊員総数は約500名、内訳は、

獣医将校　　　約30名

獣医下士官　　約20名

陸軍技師・属官　約20名

陸軍技手　　　約20〜25名

雇員・傭人　　約400名（内、技術員*3　100〜120名、女子軍属50〜60名）

部隊内の隅に獣医部下士官教育隊があった。

4. 三友は 100 部隊の任務を以下のように強調（30 ～ 31 頁）

「創設当時の 100 部隊の主要任務は、関東軍軍馬の防疫である。今日程軍の機甲化が進んでなかったので、当時は、騎兵は勿論、砲兵・輜重兵を始めとし、各兵科に亘って多数の軍馬が、乗馬・役馬として使用されていた（中略）軍馬にとって恐るべき病原菌の巣窟になっていて、特に、日本内地で全く見られなかった鼻疽のような、悪性伝染病の流行地であったからである」と、満州における鼻疽の実態をほぼ的確に把握しています。そして、関東軍が高島部隊に 1938 年に委嘱・編纂させた「満州における軍用動物の防疫」の第 5 章を引用、満州における鼻疽の実態と関東軍の軍馬における鼻疽防疫の重要性を再度強調しています。

*

「満州国内における獣疫の種類は頗(すこぶ)る多く、その病毒の分布広汎にして、蔓延猖獗(まんえんしょうけつ)を呈する状況前章のごとくなるをもって、この環境下に駐車する我軍馬の獣疫防疫対策は至難にして、在満獣医勤務中最も焦慮(しょうりょ)する問題なり。殊に鼻疽は、我軍馬の感染するもの日に増し月に多きを加ふる現況なるをもって、防疫業務中最も注意すべき獣疫にして、換言すれば、在満部隊獣疫防疫勤務の特異性は、実に鼻疽の防疫に存し、軍馬防疫の大半は鼻疽の防疫なりと称するも失当ならざるなり」

“研究課題は細菌戦の準備でなかった”は詭弁（31 ～ 41 頁）

三友は 100 部隊における鼻疽の防疫を強調するあまり、「つまり、100 部隊の主要任務はここから出発したものであり、第 2 部で行われていた研究の主要課題は、この鼻疽の防疫におかれていて、決して巷間で言われているような、細菌戦の準備などではなかったのである」と、独善的と思えるような論理の展開をだしぬけに始めます。

満州における鼻疽の防疫をことさらに細菌戦の準備と関係づける必要性はどこにもありません。そもそも鼻疽の防疫態勢をとることになったのは、日本が満州事変を引き起こし、満州全体に侵攻することによって生じた緊急の鼻疽対策を実施せざるをえなくなったことによります。

関東軍は1931年秋、満州事変の直後に臨時病馬収容所を設置しています。その延長線上で鼻疽の防疫が100部隊の研究課題でとりあげられているのです。この流れの帰結は特別ではなく、むしろ必然的な事柄です。

三友の言い回しは、このように自然な流れを述べていれば済むものを冒頭から“細菌戦の準備などではなかった”と述べるなど意図的・アリバイ的に結論づけたいような不自然な気持ちが感じられます。

続いて、「一体どのような研究が行われていたのか、それを明確に証明するものとして私の手元に、『昭和19年度、陸軍技術研究会獣医部関係発表事項』なる資料があるので、それを紹介してみよう（○印は発表者）」と、いきなり100部隊の研究発表一覧を詳細に提示しています（鼻疽関連のみを抜粋）。

*

1. 鼻疽菌菌体成分に関する研究

其一、小動物に関する研究　○獣医少尉　渡辺守松
其二、鼻疽菌蛋白質の鼻疽馬及び健康馬に対する毒性試験
　イ、総合考案　○獣医大佐　若松有次郎
　ロ、（一）最小致死量並に毒性の差異に就いて
　　○獣医少尉　渡辺守松
　ハ、（二）一般臨床所見に就いて、特に鼻疽馬における「アレルギー」症状に就いて　○獣医少尉　佐々木文存
　ニ、（三）血液検査所見に就いて　○獣医技手　大塚時雄
　ホ、（四）血清反応に就いて　○獣医技手　山口藤蔵
　ヘ、（五）「マレイン」反応の消長に就いて　○獣医少尉　佐々木文存
　ト、（六）病理解剖学的及び組織学的所見　○獣医技師　加藤久弥
　チ、（七）血漿の化学的所見に就いて　○獣医技師　村上豊
　リ、（八）細菌学的検査成績に就いて　○獣医技師　中本為次郎

2. 日・満・騾馬（らば）及び驢馬（ろば）の鼻疽感染上に於ける差異に就いて

（一）～（五）の総括　○獣医大佐　若松有次郎

（一）臨床所見および「マレイン」点眼反応に就いて

○獣医中尉　川西信彦

（二）鼻疽菌接種後に於ける各種血清反応の発現に就いて

○獣医中尉　上田信男

（三）病理解剖学的差異に就いて　○獣医少尉　渡辺守松

（四）各臓器の鼻疽菌検索成績に就いて　○獣医技師　中本為次郎

（五）血液検査所見に就いて　○獣医技手　大塚時雄

3.「マレイン」点眼反応用陽性時の眼瞼結膜の病理組織学的変化

○獣医中尉　川西信彦

（以下、略）

上記の研究資料は、昭和19年度陸軍技術研究会発表事項抄録（全66報）の中の6報にまとめられていることが1944年の陸軍獣医団報で裏付けられています[(3)]。なお、同一資料中に100部隊の「炭疽菌、枯草菌の簡易迅速鑑別法に就いて」（陸軍技手・山口藤藏）の抄録があり、そこに雇員・三友一男が連名になっていることも見つかりました。

三友は、「こうした一連の発表事項を見ても解る通り、研究は何年間にも亘って継続して行われるものが多く、第3回の発表が行われた昭和19年に於いても、引き続いて同様同規模の研究が行われていた。19年といえば、100部隊が本格的に細菌戦の準備を取り組み始めた年でもある。これだけの研究は片手間仕事でできるようなものでないことは誰が見ても明らかで、この資料によって、『100部隊は創設以来細菌戦に専念していた』と言われていることが、如実に事実を知らない、虚構のものであるか理解していただけると思う」と、“「100部隊は創設以来細菌戦に専念していた」と言われていることが虚構である”と、一挙に結論づける論理の飛躍がおこなわれています。

100部隊における鼻疽の防疫の研究が“これだけの研究は片手間仕事でできるようなものでない”と、三友に言われるまでもなく獣医学研究者ならば、“片手間仕事でない”ことぐらいは容易に理解できます。ともかく三友の言い訳はわかるとしても、資料の提示によって“如実に事実を知らない、虚構のものである”とまで強引で短絡的な結論の組み立てには、とうてい納得することはできません。

読んでいて三友に「細菌戦に専念していた」ことが「虚構で、どのように関連しないのか」、こちらから疑問を投げかけたいほどです。

そこで三友の論理の組み立ての中心にある100部隊における鼻疽防疫の研究は、誰によって、いつ、どこで、何の目的で、どのようにおこなわれているのか、厳密に仕分ける視点がもとめられます。

最初に、第３回の研究発表にある「鼻疽菌の菌体成分の研究」や「日本馬、満州馬、ラバ、ロバの鼻疽感染の差異」の課題です。いずれも鼻疽菌の性状と馬属の生体に及ぼす鼻疽菌の病原性（毒力）を解明するための基礎的な研究です。さらに、それらは、陸軍省が求める「鼻疽の防疫と予防法の抜本対策」を確立するため、検査データの収集を日常的に積み重ねる業務的な内容も含まれています。

これらの研究課題は、内容とその進展の具合からして結果が直ちに細菌戦の具体化につながるような研究でないことも、獣医学の専門家からみれば容易にわかります。しかし、たとえ研究内容や進展具合がどうであろうとも、これら一連の研究課題について究極の目的と性格を考える必要があります。100部隊における研究は、基礎研究であろうと業務的な検査データの蓄積であろうとそれらは軍事研究であることにかわりがありません。そうだからこそ、今すぐに成果が期待できなくても数年にわたって、三友がいうように継続的に研究するシステムが保証されているのです。

いっぽう、獣研のような研究機関の研究者が鼻疽菌に関する基礎的な課題を研究する場合、それは純粋に基礎研究で軍事研究ではありません。しかし、もし研究費が関東軍から支出されているような場合、その委託研究は成果を軍が利用することにより、たとえ獣研の基礎研究であっても軍事研究になります。

以上のことから、三友が主張したい内容を極めて単純に考えれば、「……に関する細菌戦の研究」と表題にないのだからそれは「細菌戦の研究でない」と、私たちに理解してほしいと言っているような類(たぐい)で、これは研究課題一覧を並べただけの“虚構の証明”であり、説得性はまったくありません。

本格的な「軍事研究」開始は 1941 年頃

三友が提示した研究会の発表資料は 1944 年の第 3 回ですから、当然第 1 回は 1942 年に行われています。第 1 回の研究発表に間に合わせるためには、少なくとも 1 年前の 1941 年（100 部隊が成立した年）から本格的な研究を始めなければなりません。次項にあるように、三友が研究室（実験室）に配属された当時の様子と部隊の組織・人員数などを併せて考えれば、1941 年から本格的な研究が開始されたものと推定されます。

三友が配属された実験室・第 23 号（43 ～ 47 頁）

三友は 100 部隊の集合研修を終わると、第 2 部第 1 科の第 23 号室に配属されました。1941 年当時の第 1 科長は井田清技師です。三友は「科長の井田技師は 100 部隊の中でも特異な存在であった。昭和 18 年、100 部隊に細菌兵器の開発が指令されるまで、細菌謀略に対する実験、研究を企画、指導していた人物がこの人だったのである。井田清技師は北海道大学で応用化学を修めた後、ヨーロッパ、主としてドイツに留学していたが、その時代に細菌戦について関心を抱いたようである。帰国後伝染病研究所に勤務し、結核等の研究を行っていたが、100 部隊が創設された翌年、高級廠員並河中佐によって研究員として迎えられた」と、井田技師の経歴について詳細に語っています。

そして「ハバロフスク軍事裁判で、私と共に被告になった平桜中尉、又、証人として出廷した畑木君も、同じ 23 号室の配属であった」と述べています。

実験室・第23号での業務（47～50頁）

三友は、「1ヶ月の教育を受けたぐらいで、目に見えない細菌がそう簡単に扱えるものでない。まして、23号室で扱っているのは、一度感染したら死亡率100％と言われている鼻疽菌や炭疽菌である。そこで、非病原性の枯草菌や大腸菌を使って、培養、染色、顕微鏡検査や、動物実験、特殊培養基の製造等、基本的なことから実習をやり直し、細菌の取扱いに一通り馴れてくると、空中や土壌中の細菌分離し、その性状検査などをやりながら、みっちりと細菌学の勉強をした」「実験室には、顕微鏡や円(ママ)心（遠心）分離機、孵卵(ふらん)器といった実験用器材が、とくに顕微鏡は最先端のドイツのツァイスやライツ社の機種が揃っており、試薬もメルク社のものであった」「実験用器材、マウスやモルモット等の実験動物や試薬は伝票1枚で必要なだけ供給された」と記しています。この記述から病原細菌を扱う実験における基本操作の過程と実験設備が最先端の研究・実験環境に整備されていることがよくわかります。

実験用器材の整備については、1939年7月10日付文書「獣医材料交付ノ件」（アジア歴史資料センターの史料番号C01003498000）によると、陸軍省兵務局馬政課から関東軍軍馬防疫廠に総額172,500円（別途輸送費2,950円）の実験用器材109品目（孵卵器、顕微鏡、高速遠心機、肉挽機などを含む）が送られていました。

さらに三友は実験室で鼻疽菌を移植する作業について、最も危険な病原体を扱った者だけがわかる極めて臨場感に富む表現で、以下のように述べています。

＊

「実験室に入って1ヶ月もたってから、始めて鼻疽菌を培養基に移植する作業をやることになった。白衣の上に前掛けをつけ、顔の隠れてしまいそうな大きなマスクをし、ゴム手袋をはめるという完全装備であったが、手が震えていたことを今でも憶えている。鼻疽菌、炭疽菌を扱う前後には、消毒を念入りに行うなど、完全予防には万全を期していたが、これらの菌を扱う場合には危険手当がつき、『実験上の事故で死んだ場合、1万円の弔慰金が出る』とも言われていた。奉天の獣疫研究所で、研究員が誤って鼻疽に感染し、数名の死者が出たということを聞いたことがあるが、私の知る限り、100部隊では一度も実験中の事故は発生していない。

その頃23号室では、井田技師が蒙古から持ち帰った土壌から黴（カビ）類や細菌を分離し、これらの中から、特殊な性質をもった菌を探し出そうという試みがなされていた。分離した菌の性状検査を繰り返し行うという仕事を通して、細菌学というものが少しずつ理解できるようになり、自分のやっている仕事の重要性も認識されてきた。（中略）こうして、毎日の仕事を通じて、私たちが実験室で行っている危険な病原菌に対する挑戦が、満州における軍用動物の防疫に寄与すると共に、そのことが人類の幸福にも貢献しているということが自覚されてくるにつれて、自分のやっている仕事に誇りを感じるようになり、勉強にも、仕事にも一段と熱が入っていった」と、三友が実験室の業務になじんでいく様子がリアルに表現されています。

モルモットを用いた炭疽菌分離（54～57頁）

続いて三友は1942年の春先、実験室におけるあるエピソードを以下のように記しています。

「昭和17年春先のこと。暫く姿を見せなかった井田技師が、慌ただしく実験室に入ってきた。彼は何事かと訝っている私の前へ、持ってきた大きな鞄の中から硝子製の水筒と香水の瓶をとり出し、急いで中の液体の細菌学的検査をやるようにと言った。瓶の中には、若干粘稠を帯びた透明な液体が入っていた」。井田技師の指示に従って、「数頭のモルモットを準備し、皮下と腹腔内に液体の一定量を接種した」「翌朝出勤して、私は昨日液体を接種しておいたモルモットが全部死んでいるのに驚いた。鼻腔や肛門から凝固不全の血液が流れ出していて、解剖してみると脾臓が大きく腫張し、皮下や腹腔内の接種部には膠状の浸潤がみられた」。

この死亡したモルモットは、獣医伝染病学の教科書に書いてある通りの炭疽菌感染による典型的な臨床所見を呈しています。さらに三友は、モルモットの血液塗抹標本を顕微鏡下で観察し、この菌が連鎖状の桿菌すなわち炭疽菌と同定しています。

その後、三友はこの件について、「実験室内における対応を、念の為、その後１週間程度をかけて、分離した菌の性状、毒性について詳細に調べてみたが、通常の菌の何倍もの毒力を持った菌株であることが判明した。炭疽菌の毒力の判定は、モルモットに対して、ミクロ単位の炭疽菌を何個接種すると発病するかによってみる。数が少ない程毒力が強いということである。接種する数を、何個と決められるようになるまでには、相当の熟練が必要であった」と記しています。

以上のように、三友の実験室における日常業務は、“細菌戦謀略への対応”そのものの毎日です。しかし、彼はそればかりでなく、毒力の強い菌をいかにしたら選別できるかなどと炭疽菌を扱う実験（研究）にたいへん興味をもっています。

その結果、「私の実験室でやったことは、鼻疽菌、炭疽菌の毒力強化であった。病原菌を動物に接種し、発病斃死後分離した菌を、更に次の動物に接種するということを繰り返すと、生体の抵抗に対して強い菌だけが生き残っていくので、このような方法で毒力の強い菌を選別していった」と、述べています。

池内了は、科学者の典型として、「科学者は、自然が隠し持つ謎を解き明かすことに無上の喜びを感じる人間であり、その知的活動はきわめて個人的な好奇心に由来する。一般に科学者は、他の何者かに命令されたり、何かの役に立たせようと考えたり、自分が有名になりたいと望んだり、というような外的な動機とは無縁である。できるなら、ひとり放っておいてもらって、ひたすら数式や理論を追及したり、実験や観察に明け暮れていたいと望んでいる存在なのである」(3) と、定義しています。

三友はこれに該当するような科学者でありませんが、彼自身が炭疽菌を分離したことで、その後、実際にそれを用いて強毒菌株を選別する実験にのめり込んでいく様子をみると、三友が100部隊において軍事研究に位置づけられる“基礎研究”にこだわることで“細菌戦とは無縁である”と強く主張する謎の背景の根拠が、ハバロフスク軍事裁判の判決に対する反発ばかりでなく、こうした自己陶酔にあるような気がします。

新設第6科の新たな役割（68～74頁）

三友は1942年7月、「100部隊長の並河才三大佐が陸軍獣医学校に転出、陸軍兵務局から若松有次郎大佐が赴任、部隊の機構改革が行われた」「大本営参謀本部は、弱体化した関東軍に対して、北方防衛力強化の為、新兵器開発指令をした」、1943年、「100部隊における業務も新兵器開発指令に対応し、従来の業務に加え、積極的に細菌戦の準備をすすめることになり、これを担当する部署として、第6科が新しく作られた」としていますが、三友が実験室に配置された時に実験機材が整備されていたように実際の準備はそれ以前から始まっています。

「先ず、それまでほとんど使用されていなかった2部庁舎の地階が改造され、大型の孵卵機、蒸気滅菌機、直径1m以上もある遠心分離機や大型の肉挽器等が次々と運び込まれ、細菌兵器製造工場へと変貌していった」と述べています。

そして「1944年4月、陸軍獣医学校から山口少佐が6科の科長として着任し、1科の勤務員を中心とした50名近い人員を以って、正式に新しい科が発足した。科の業務は極秘事項として秘匿されることになり、6科の技術員は、孟家屯の技術員宿舎を出て、部隊近くの清光寮合同宿舎に移された」と述べ、6科の業務が細菌戦に直接つながる軍事機密扱いになっていく様子を説明しています。

そして、三友の所属する班が「6科が新設されて最初に行った仕事は、鼻疽菌の生産実験であった」と、新しい業務の内容を以下のように記述しています。

*

「菌の培養には、731部隊で考案された『石井式バット』と呼ばれた、幅20 cm、厚さ5 cm程、のステンレス製の平な特殊培養板が使用された。鼻疽菌をこの『石井式バット』に移植し、24時間孵卵器に収納した後菌を掻取り、コルベンに集めて秤量し、1枚当たり平均どの位の菌が採集できるかが調べられた。1枚当たり平均採集量が解れば、鼻疽菌1 kgを生産するのに必要な培養基の枚数が決まり、それによって、培養基の製造に必要な肉汁、ペプトン、寒天の量が算出できる。実験によるこうしたデーターに基いて、資材の準備、鼻疽菌の培養採集、使用済器材の滅菌、消毒などに要する人員や時間を予想し、実際にその通りかを試してみる、『設備生産能力実験』が行われた」

「この時の実験で設備、人員をフル稼働させ、1週間の工程で2回の植え付けを繰り返し、鼻疽菌5 kg程を採集した。この時集められた菌体は、殺菌後1科の鳥羽中尉の実験室に送られ、鼻疽菌菌体成分の分析や、鼻疽菌蛋白質の各種研究に利用されている」と記し、鼻疽菌の菌体成分の分析には大量の鼻疽菌が必要であることがよくわかります。

この実験により、人獣共通伝染病のもっとも危険な病原体である“鼻疽菌5 kg”を1週間で生産が可能になったことは、100部隊における技術開発の成果と考えられます。しかし、この成果は、「ハバロフスク軍事裁判の予審尋問で1週間で5 kgの生産量を4倍して1カ月の生産量とし、さらに12倍して1年間で240 kgの生産能力があると調書に記載され、署名をソ連側から求められた」と三友は述べています（第8章）。

このように、三友が鼻疽菌や炭疽菌を大量培養していたことがハバロフスク軍事裁判でソ連に対する細菌戦の準備行為と認定される結果に結びついています。

次に三友は「私の知る限りでは、細菌の生産能力についての実験がなされたのはこの時限りで、炭疽菌について行われたことはない」と、さりげなく述べていますが、実はこの記述はたいへん重要な意味を示唆しています。

この実験によって、100部隊は鼻疽菌の大量培養の技術開発に成功し、あとは日常業務として鼻疽菌の大量生産システムを軌道に乗せるだけの状況に至ったものと思われます。したがって、これ以上の鼻疽菌の生産能力実験が必要ないことは当然です。

いっぽう“炭疽菌については行われたことはない”という内容は、炭疽菌は 100 部隊で大量生産の目途がすでについていたと思われます。なぜなら、炭疽菌は増殖力が旺盛で、細菌が培養できる実験設備さえあれば、培養は技術的に極めて簡単です[4]。さらにこのことは三河夏季演習ですでに一定量の炭疽菌が土壌の撒布実験に使われていた事実からも裏付けられます。

次に三友は「6 科の別のグループでは、牛疫菌（注：牛疫の病原体は細菌でなくウイルス。詳細は第 2 章の解説＊3 を参照）の空中撒布実験の準備が進められていた」と記しています。

その内容は「牛疫に感染させた犢（とく：仔牛）の肉をミキサーで粉砕し、それをグリセリン溶液で稀釈して、731 部隊から借りてきた航空機用特殊撒布器に充填する作業が行われていた。19 年 11 月、731 部隊の安達（アンダー）特設実験場で、一定の間隔に繋留された多数の牛や羊の群に、731 部隊の専用機から、前記牛疫菌を撒布する実験が実施されたが、この実験の目的は、平桜別班が購入した家畜や、興安北省に放牧されている家畜の群を、牛疫菌によって汚染させるためのものであった」と記し、この実験以降のことは「19 年 10 月に入営したので知る立場になかった」と、三友は述べています。

牛疫ウイルスを含有する肉汁を航空機から空中撒布し、霧状の牛疫ウイルスを家畜に感染・伝播させることができるか否かを目的とする実験と思われます。これは直に細菌戦につながる実験であることは誰にでも理解できます。

デュアルユースと鼻疽菌

池内了はデュアルユースの技術の使われ方について、「科学の成果の使い方には二通りある。軍事用にも民生用にも使われるように、使いようで人を殺すためにも生かすためにも使われることができる」[6] と、記しています。

三友はこの実験で大量培養された鼻疽菌について、「この時集められた菌体は、殺菌後1科の鳥羽中尉の実験室に送られ、鼻疽菌菌体成分の分析や、鼻疽菌蛋白質の各種研究に利用されている」(71頁）と、使途を明らかにしています。

100部隊で行われていた「鼻疽菌の菌体成分の研究」は、鼻疽菌の菌体を大量に準備しなければ不可能でした。しかし、この研究はデュアルユースの定義にあるような即民生用の研究とは異なり、進展具合によって診断技術の改良につながる可能性があります。鼻疽菌蛋白質の研究も同様と考えられます。

いっぽう、鼻疽菌はヒトでの実験室内感染例から、取り扱う上で非常に危険を伴う細菌です。それならば鼻疽菌は不活化（殺菌）されていなければ強毒で直ちに軍事（細菌戦）に転用できるように思われますが、鼻疽菌は実際に環境中では非常に弱く、鼻疽菌撒布の野外実験の結果は失敗に終わっています（第8章「三河夏季演習」)。また培地で増殖させた鼻疽菌は冷蔵庫で保存しているだけで不活化されてしまうような性状を示す細菌です。

解説

＊1：　ボイラー装置のことです。細菌の大量培養や生物学的製剤の製造工程には、器具・器材の洗浄と高圧蒸気滅菌器による滅菌が必要です。大量の蒸気発生装置が完備されることで、初めて鼻疽菌や炭疽菌の大量培養システムの稼働が可能になります。

＊2：　陸軍師団の軍馬が日本に戻るときに港で実施される検疫。

＊3：　検疫や研究・実験、抗血清・ワクチンの製造分野で、研究員の助手としての役割をする技術要員。部隊創立当初は、獣医学校の卒業生を採用していましたが、孟家屯に移転後、業務が拡充されるとそれだけでは補充できなくなりました。全国の中等学校で、獣医科や畜産科をもった学校を訪問し、それらの卒業生のなかから定期的に技術員を採用するようになり、1940年に第1期生が入隊しました。三友は自分が第2期生と記しています。731部隊では少年隊がこれと同じ役割をしています。

引用文献

(1)　江田いづみ（1997)「関東軍軍馬防疫廠　100部隊像の再構成」『戦争と疫病』本の友社、41－42

(2)　三友一男（1987)『細菌戦の罪』泰流社

(3)　獣医団要報（1944）「昭和19年度陸軍技術研究会発表事項抄録」陸軍獣医団報
418、197－215
(4)　池内了（2016）『科学者と戦争』岩波新書、3－4
(5)　山内一也・三瀬勝利（2003）『忍び寄るバイオテロ』NHKブックス、33－37
(6)　池内了（2012）『科学の限界』ちくま新書、89－92

第8章

三友一男の「細菌戦謀略の対応」と ハバロフスク軍事裁判

本章では、前章と同様に三友の「回想」(1) を引用し、前半はキーワードの鼻疽を切り口に三友の“細菌戦謀略の対応”を、後半は三友のハバロフスク軍事裁判における予審尋問での駆け引きを中心に検討したいと思います。

三友は「100部隊にはこの他にも大事な使命があった。細菌謀略に対する対応である。（中略）野外に於ける消毒実験は、臨時病馬廠の時代から試みられていたが、軍馬防疫廠になってからはこれを対謀略戦にまで拡張し、第2部の1科を中心にして、対応の研究に取り組むようになった」（41頁）と、細菌戦謀略の対応研究の経緯を述べています。

この細菌戦謀略の対応研究は範囲がどこまで、あるいはどこからが範囲外の細菌戦研究になるかなど、両方の境界線は不明で線引きするのはまったく無意味と思います。両方は始めから表裏一体の関係にあることは明らかで、本章はそれらをひとまとめにして検討するつもりです。

さらに三友は「後年、太平洋での戦局が守勢に転ずるのに従って、関東軍の精鋭師団が次々と南方に抽出されるに伴い、弱体化した関東軍を補強し、北方の防衛を強化する為に、大本営は関東軍に対しても新兵器の開発を指令した。又、起りうべきソ連の侵攻を想定し、ハイラル地域に兵用（ママ）（要）地誌調査要員を派遣して、これらの地域における家畜が、侵入してきたソ連軍に利用されるのを阻止するための準備を開始した」（41頁）と、細菌戦謀略の取り組みを記しています。

「細菌戦謀略の対応」は虚像（61 ～ 67頁）

100部隊第2部1科が1942年の夏に大規模な野外実験を行った「三河夏

季演習」について細菌戦謀略の対応を検討します。

三友は野外実験について、「このような野外実験は、『演習』と呼ばれて、夏行われるものを夏季演習、冬に行われるものを冬季演習と称し、このような演習は臨時病馬廠の当時から興安北省のハイラル、三河地区、黒河・北安省・牡丹江省等の全満各地で度々行われていた。こうした演習の目的は、実験室で行えない大規模の実験、防疫や細菌謀略対策用の、実践に即した実験研究を行うことである。演習の中でも、様々な自然条件下に於ける消毒実験は重要な課題であった。零下何十度という極寒地では、通常の消毒薬では役に立たないし、広汎な湿地帯や河川などの消毒には特別な消毒薬や消毒方法が必要だからである。如何なる条件下に於いても、適時有効な対処が出来るよう、常々対策を確立しておかねばならなかったのである」と、その背景、目的と意義を明確に述べています。

次に、演習に先立って「実験室で基礎的な予備実験が行われた。初めは水道水で、次には河川の水を使って鼻疽菌の生存時間を測定したり、フィッシュスキンからの浸出状況を調べたり、クロール（注：塩素）による消毒効果などが実験され、又炭疽菌の土壌への滲透力なども調べられたりした」。

「そうした一方で、演習に使用する資材の準備、梱包もすすめられていた。大勢の者が、長期に亘って無人地帯で野営をしながら実験を行うので、実験に使う野戦用の孵卵器、煮沸消毒器、細菌培養器材、様々な検査用具等といったものばかりでなく、ゴム浮舟、天幕、風呂桶から炊事用具、釣道具に至るまで、明細書に基いて品物が取揃えられ、極秘裏に梱包する作業が行われた。（中略）私たち技術員3名は、実験に使用する鼻疽菌、炭疽菌の菌株と顕微鏡とを携行し、夜半に新京駅を出立、ハルビン、昂々渓（タンタンけい）を経て、ハイラルの2630部隊角田隊へ先行した」と、三友は準備状況を具体的に記しています。

＊

7月15日から8月17日の間、演習は3つの班に分かれてデルブル河畔で行われています。三友が所属する第1班は、「河幅50m程のデルブル河に鼻疽菌を放流し、その感染力を追跡すると共に、クロールによる消毒効果を検討する実験であった。先ず予備実験としてデルブル河の水で鼻疽菌の生存時間を確かめ、一方河の流速や水量の測定をし、色素を流してその拡散と希釈の状況を調査し、更に、フィシュスキンを色素に入れて流し、それが一定の地点まで到着する時間を調べた。又、塩素ガスをボンベから放出し、水中でのクロールの濃度を測定し、河川中のクロールの濃度を、消毒に必要な濃度に保つ為には、ボンベからどの位の量を放出し続ければよいか等が調査された。

こうした予備実験の後、データーに基いて河に流す鼻疽菌の量が決められ、ゴム浮舟を使って河の中央で菌を放流した。予め測っておいた下流50m、100m、500m、１キロ、２キロといった地点で、菌の流れ着く時間を見計らって河水を採集し、培養実験を行うと共に、汚染水を馬に飲ませて感染の有無を調査した」と、野外実験の方法を詳しく記しています。

このとき、どのくらいの鼻疽菌の量を放流したかは記述がないのでわかりませんが、環境に弱い鼻疽菌の性状を考慮すると、デルブル河の規模（河川の流量）と下流での試料採取の設定の方法がかなり杜撰のように思われます。

また、飲水サンプルを馬に飲ませて鼻疽の感染・発症を調べる実験の発想はわかりますが、実験動物の場合とは異なり試料を飲水投与する馬における事前の予備実験がはたして十分に行われていたか否かもまったくわかりません。

三友は、この実験結果について、最初に「結果についての正確な記憶はないが」と歯切れの悪い表現から始まり、「１キロ程の下流での鼻疽菌の検出ができなかったし、実験した馬についても、部隊に連れ帰り、数カ月に亘って観察を続けたが、何れも発病には到らなかった。勿論、放流する菌量にもよるであろうが、このような大きな河では、自然の浄化作用もあって、上流での汚染が、下流にとってそれ程大きな脅威にはならない、というのが実験で受けた印象であった」と、鼻疽菌を放流した野外実験で期待するような結果がえられなかったことを率直に語っています。

このように、野外実験の実験計画は規模が大きいわりに個々の実験方法に不十分さが多く目につく演習（実験）です。

さらに三友は「鼻疽菌のように芽胞を作らない菌の場合は、培養基上で繁殖させ、冷蔵庫に保管しておいても、1カ月もすれば死滅してしまうので、自然条件下で長期汚染源としてこの菌を使おうなどとは、専門家なら誰も考えない筈である」「実験の結果からして、20キロ下流のソ連領まで鼻疽菌が流れて行き、病気をひき起こしたなどとは到底考えられない」と、放流野外実験の結果を総括しています。

この結論は、鼻疽菌を実際に扱いその性質を熟知している者として当然のことです。また病原微生物を扱った経験者として、この結論は十分に納得できます。

後述しますが、ハバロフスク軍事裁判の予審尋問で、鼻疽菌の野外放流実験がソ連に対する細菌戦謀略か否かをめぐり三友とボイコ中尉との間で激しい論争になったのがこの問題です。

いっぽう消毒実験の結果については「一定時間継続的に、一定量のクロールを放出することのできる塩素ボンベが有効であることが実証された」とだけ述べられています。

次に、第2班は「付近の沼に鼻疽菌を撒布し、水温、水質と菌の生存時間の関係を調査し、河の場合と同様、塩素瓦斯による消毒実験を行った」と、その結果については述べられていません。先の第1班の成績から推測すると第2班も同じ結果ではないかと思われ、期待するような結果は得られていないと思われます。

最後に、第3班は「炭疽菌を地面に撒布し、一定の条件の下でどの位まで菌が浸透していくか、又汚染された地面からの羊に対する感染力はどうか、土壌中の炭疽菌を死滅させるのにはどのような消毒が有効か等が実験された」と記述するだけで、その結果はわからないと述べています。

第2章の＊2で解説したように、炭疽菌は通常の栄養型と芽胞型の2つの形態がとれます。周囲の環境が高温や乾燥状態になると芽胞型として長期間生残し、例えば、干ばつ、洪水、長雨などの異常気象の後にこの芽胞型が土の表面にあらわれ、泥のなかで増殖します。芽胞型は、熱、化学物質、pH、紫外線などに抵抗性で、少なくとも数十年間、土壌や皮革などの動物製品などに存在することができ、感染源となります。

野外の炭疽菌撒布実験は、炭疽菌の芽胞型の性質を考えると非常に難しい問題が生じます。それは、炭疽菌の土壌に撒布する量にもよりますが、芽胞型菌は一定の範囲で長期間に及ぶ環境汚染を引き起こします。ましてデルブル河畔のような湿地帯ではその場所における環境汚染だけでなく、洪水などによって芽胞型の炭疽菌が水系に乗って拡散、広い範囲が汚染しないとも限りません。もっとも原発事故による死の灰の拡散規模に比較すると、ほとんど問題にならない範囲だと思われますが。

また、“土壌中の炭疽菌を死滅させるのにはどのような消毒が有効か”の実験は、芽胞型菌の性質を考えると既存の消毒薬はまったく効果がなく、土壌中の菌を死滅させることはほぼ不可能に近いと思われます。

さらに“汚染された地面からの羊に対する感染力はどうか”と、芽胞型菌が羊に感染するか否かを調べるつもりでしょうが、その条件は様々な場合が想定され、実験は容易でないと思われます。羊で感染が成立する条件は、一定量の芽胞型菌が羊の経口あるいは傷口から侵入できうる場合に発症する可能性が考えられます。その一定量が事前の予備実験でわかっていなければ、むやみやたらに羊を野外実験の本番に持ち込んでも目的とするデータがとれるかどうかは全く不明です。

ハイラル近郊の風景（2010 年 8 月）

しかも、羊が一定地域内に密集して飼育されている場所で実験するならばいざ知らず、数少ない羊を使って広大な草原に放牧されているような環境条件では、河川に流した鼻疽菌の例と同様、炭疽菌の場合は感受性動物の方が拡散しているので、思うような実験結果はとうてい期待できないと思います。

「兵要地誌調査」要員の派遣作戦（69～70頁）

三友は、「此の時期に実施された重要な作戦の一つは、ハイラルに兵要地誌調査要員が派遣されたことである。この派遣隊の任務は、日ソ開戦となり、ソ連軍がこの地区に侵入した場合、この地域内に在る家畜を炭疽・牛疫・羊痘等によって汚染させ、敵に利用されるのを阻止する企画の下に、予め、夏冬の放牧状況や、家畜の頭数、河川や湿地帯の状態等を偵察、調査しておくことであった。この作戦は、関東軍司令部の2部6科で計画立案されたものである。この派遣隊は、翌19年3月に強化拡充され、この時期から平桜中尉が隊長になっている。余談であるが、派遣期間中この隊はハイラル特務機関の別班として行動しており、（以下略）」と、そして「昭和20年の夏、平桜別班は8万円を支出して、羊500頭、牛100頭、馬90頭を購入し、来るべき作戦に備えた」と、記しています。国内の家畜を自分たちの手により病原体で汚染させる、あたかも「自爆攻撃」のような発想には驚くばかりです。

「細菌戦資料室」の存在（75～77頁）

三友は、「何かと秘匿されたことの多かった6科の中でも、細菌戦資料室の存在は又特別で、そうした部屋があったということさえ、気がつかなかった者も多かったのではなかろうか」と、100部隊に細菌戦資料室が存在していたことを以下のように記しています。

＊

「2部庁舎の地階に、何時も厚いカーテンを下ろし、入り口が厳重に施錠されている一室があった。私は常々、何んの部屋だろうかと不思議に思っていたが、或る日、その謎が解ける日がやってきた。井田技師がどんな目的で私をそこに連れて行ったのか、今もって、明らかでないが、その部屋は、100部隊が行ってきた一連の細菌戦研究の成果を展示した部屋だったのである。

前にも触れたように、臨時病馬廠の時代から、並河中佐の指揮の下に、夏・冬の演習が行われ、こうした演習は軍馬防疫廠になってからも続けられていた。こうした演習の中、東寧、三河、黒河等では河川を対象にした演習が行われ、白城子、孫呉、ハイラル、三河等の各地では、主として冬季に於ける消毒を目的とした実験が繰り返されていた。又、731部隊と合同で、細菌砲弾の発射実験を安達で行ったこともあった。細菌戦資料室には、これらの演習の様子が、写真や、地図や、図解等をもって示されており、炸裂した砲弾の破片等も展示してあった。

この部屋には、こうしたものの他に、万年筆型の注射器、細菌弾発射用小型拳銃、といったような謀略用細菌兵器等も展示されてあったが、それ等より私が意外に思ったのは、満州国に対するスパイ、謀略員、麻薬密輸者等の侵入ルートや、連絡先などが図式化されて掲示してあったことである。このことは、100部隊、就中（なかんずく）井田技師が、細菌戦の研究に携わっているばかりでなく憲兵隊や特務機関とも深くかかわりを持っていることを物語っているものであった。当時、総務部の調査科や企画科には、何名かの中野学校出身の将校が配属になっていた。

私の入営に際して井田技師は、『君を中野学校に入れようと思っているか、見習士官になったら必ず連絡をとるように』と何度も念を押していたが、これは、一応の細菌学を身につけた私を、将来、謀報、謀略という方面で働かせようと考えていたのであろう。あの時私を資料室に連れて行った意図は、案外その辺にあったのではないかと、現在そんな風に考えている」と、三友はとりまく危険な情況を語っています。

三友の予審尋問での駆け引き（163 ～ 177 頁）

関東軍に入営、敗戦後にソ連によってシベリアに抑留された三友は、100部隊の戦犯容疑者として1948年10月ハバロフスクにある収容所・第18分所に移されました。この収容所は収監一歩手前の者を集めておく収容所です。その後、約1年間作業現場の労働に従事しながらいくつかの分所を経由した後、翌1949年10月26日朝、突然収監され7日目の夕方初めて地下の取調室に呼び出されたと記しています。

11月から本格的な予審尋問が始まり、三友は「取り調べでは100部隊創設の目的、編成、業務の具体的内容などが、改めて問い質されたが、取り調べが進むにつれて、彼らが予想以上に100部隊の内容をよく知っているということが、次第に明らかになってきた。例えば、三河の夏季演習について、演習の行われた期間、参加人員など正確に承知しているらしく、こちらの漠然とした供述では納得しなかった。平桜中尉の他に、誰か内容を知っている者が捕らえられているようだが、それが誰なのか判らなかった。6科で行った極秘の実験についても、誰がその実験に参加していたのか知っていて、忘れていた水野憲兵の名前など、却って教えてもらう始末だった」。

三友は、ここで“6科で行った極秘の実験”について、水野憲兵の名前を含めてソ連側がすでに知っていたことを述べています。このことから“極秘の実験”がすなわち＝人体実験であることは容易に推測できます。三友は人体実験についてはとくに慎重で、「回想」の中では直接ふれるような記述はまったく行っていません。しかし、ここでは事実を間接的に自ら暴露していると思われます。

＊

「それともう1つ、非常に大事なことであったが、取り調べを受けているうちにはっきりしてきた事は、彼らが求めているのは、100部隊で行われていた業務について、事実そのものを正確に把握しようとするのでなく、1つの目的に沿った供述を得ようとしていることであった。

つまり、100部隊で行われていた細菌の培養は、鼻疽の予防、治療のための基礎的な研究としてではなく、総て、細菌謀略、細菌戦用に結びついていたものであり、三河の演習は、ソ連に対する謀略を目的としたものであったと認めさせようとしていたのである。予審は、取調べを行うボイコ中尉と、取調べられる私との一騎打ちのようなものであった。中尉の誘導訊問に乗せられないよう注意しながら、自分の主張を繰り返していたが、調書ができ上ってみると、何時の間にか彼の思わくに沿った表現になっているので、何度も署名を拒否してみたが、彼の執拗なまでの執念の前に、抵抗し続けることを断念し、心ならずも妥協させられる破目になってしまった」

三友は“三河の演習は、ソ連に対する謀略を目的としたものであった”ことを認めさせられてしまう経緯を述べています。

＊

「予審で、私とボイコ中尉の対立していた第１の点は、100部隊の創立の目的についてであった。私は軍馬の防疫を第一義として創設されたものだと主張したが、彼は、731部隊と同様、細菌戦を目的として設立されたものだとして譲らなかった。

第２の点は、細菌の培養に関するものであった。『君は100部隊でどんな細菌の培養を行っていたか』と聞かれるので、『鼻疽菌や炭疽菌だ』と答えると、『私は細菌戦用の鼻疽菌・炭疽菌の培養に積極的に参加し……』という、彼等なりの註釈つきの調書が作られ、鼻疽菌の生産量についても、『１週間に５kg程の生産実験をしたことがあった』という答えに対し、週に５kgでは月に20kg、年に換算すると240kgになるからといって、『100部隊の鼻疽菌の、生産能力は240kgにも達していた』という調書を作って署名を要求した。

３つ目の三河での夏季演習については、その目的に対する見解の相違ばかりでなく、実験についての専門的な判断等といった点でボイコ中尉の手に負えなくなり、彼の上司のアントノフ検事少佐が直接訊問するようになった。私が、デルブル河に放流した鼻疽菌は、その量や、ソ連領までの距離などからして、下流のソ連領土で流行源になる筈がないと主張し続けたので、遂にハバロフスク医科大学の教授まで訊問に立ち合った。実験の内容を詳しく聞いた教授は、私の主張を認めた為か、裁判に提出された鑑定書はこの点に言及することを避けていたが、最終の判決文においては、ソ連の主張どおり、三河の演習はソ連に対する謀略行為だったと断定したものになっていた」

三友は、このようにハバロフスク裁判で最終的にソ連側の筋書きにそった調書ができる過程を述べています。

*

続いて「人体実験については、その非人道的な点を指摘されれば、一言の抗弁の余地もない事であった。それにしても、ほんの一握りの者しか知る筈もなかったこの実験の事が、すっかりソ連に知られていることが訝(いぶか)しかった（注：気がかりだった）」と、この部分の記述は三友自身が人体実験にかかわっていたことをはっきりと示唆しています。

さらに三友は、「関東軍獣医部長高橋中将は、ハバロフスク裁判の予審訊問で、『100部隊で人体実験が行われていたことを知っていたか』という質問に対し、『私は1949年11月24日の訊問において、私のために朗読された証人達の供述によってその事実を知りました』と答え、裁判の際にも、『何にか新たな実験が始まる場合、陸軍省の命令が必須でありました。実験は陸軍省の命令によってのみ行うことができたのでありますが、このような命令はありませんでした。この決裁を関東軍司令部で得たとしても、この決裁は獣医部長であった私から出たものではなく、関東軍司令官から出たものであります。しかし、関東軍司令官宛のこの様な申請もありませんでした。私は今、他の被告の訊問で各種の実験について耳にしましたが、当時私はこれを知りませんでした』と陳述している。つまりこの実験は、100部隊の正式な業務として、所定の手続きを経て行われたものでなかったのである。こうしたことも、私が敢えて筆をとりたくない理由の1つともなっている」と、人体実験にかかわった者だけが考える複雑な心境の一端を吐露し、「この実験に関しては私なりに言いたい事もある。ともあれ、個人的な問題はさて置き、かっての上司や同僚達に対して、頑なに沈黙を守るということが私のなし得る唯一最善の方法だと考えているからに他ならない」と、人体実験に関して“頑なに沈黙を守る”理由を述べて、逆にかかわったことを露呈しています（77 ～ 78 頁）。

三田正夫の自筆供述書（1954 年 6 月 22 日）(2)

100 部隊における人体実験の事実を間接的に補強する証言として、新京憲兵隊経由で 100 部隊に中国人を送り込んだ事実に関する供述書が見つかりました。

「1943 年 10 月、市公館で催された副市長大幸夫をもてなす宴会の席で、憲兵隊長が私に酒を勧めたさい、突然大声で笑いながらいった。『みたところ、あんたは紳士らしいですなあ。だが、じつは閻魔大王総監ですぞ』。そのとき、私は憲兵隊に失業者を送ったことを思いだし、自分がなにか大きな陰謀のなかで重大な役割を果たしたのを感じた。1944 年 4 月、人から寛城子に関東軍の化学研究機関があるというのを聞いた。しかし、この機関の研究内容と陰謀については、私は知らなかったので、私の送った人たちは松花江のほうに移送されたとばかり、ずっと信じていた。1949 年 10 月頃、ソ連の日本人戦犯に対する尋問で、寛城子の陰謀機関（100 部隊）も細菌実験をしていたことをはじめて知った。そこに大勢の中国人を送り込んだのである。何人を送り込んだかはあまりはっきりしないが、司法科の報告から推察すると、平均して 1 ヶ月か 2 ヶ月に 1 回ずつの割合で、1 回につき最低 7、8 人だったようだ。このほか、私が自分で許可を下して送った人もいた（以下略）」

三友の公判における法廷尋問

ハバロフスク軍事裁判は、1949 年 12 月 25 日開廷しました。

三友の「回想」は、彼が関与した人体実験の法廷尋問（12 月 27 日：第 3 日目）についてはまったくふれていません。ハバロフスク軍事裁判における事実として避けて通ることはできないと考え、資料の孫引きになりますが、江田憲治ほか編訳『人体実験— 731 部隊とその周辺』の解説から「ハバロフスク公判書類」の 408 ～ 411 頁の尋問内容[3] を転載します。

問、第一〇〇部隊デ行ワレテイタ生キタ人間ヲ使用スル実験ニ関シ貴方ノ知ツテイルコトヲスツカリ話シテ貰イタイ。

答、生キタ人間ヲ使用スル実験ハ一九四四年八月—九月ニ行ワレマシタ。コレラ実験ノ内容ハ、被実験者ニ気付レナイ様ニ催眠剤及ビ毒ヲ与エルコトデアリマシタ。被実験者ハ七—八名ノ中国人トロシア人デアリマシタ。実験ニ使用サレタ薬品ノ中ニハ朝鮮朝顔、ヘロイン、ヒマシ油ノ種子ガアリマシタ。之等ノ毒剤ハ食物ニ混入サレマシタ。

二週間ニ亘ツテ各被実験者ニ毒剤ヲ盛ツタ此ノヨウナ食事ガ五—六回支給サレマシタ。……被実験者ハ皆、二週間後ニハ彼等ニ対シテ行ワレマタ実験ノ後衰弱シ、実験ノ役ニハ立タナクナリマシタ。

問、ソシテ彼等ヲドウシタノカ？

答、機密保持ノタメ、被実験者ハ皆殺サレマシタ。

問、ドンナ方法デカ？

答、或ロシア人ノ被実験者ハ、松井研究員ノ命令デ青酸加里ヲ十分ノ一グラム注射サレテ殺サレマシタ。

問、誰ガ彼ヲ殺シタノカ？

答、私ガ彼ニ青酸加里ヲ注射シマシタ。

問、貴方ニ殺サレタロシア人ノ死体ヲ貴方ハドウシタノカ？

答、私ハ部隊ニアツタ家畜墓地デ死体ヲ解剖シマシタ。

問、ソレカラ貴方ハコノ死体ヲドウシタカ？

答、此ノ死体ヲ埋メマシタ。

問、穴ヲ何処ニ堀ツタノカ？

答、部隊裏ノ家畜墓地デス。

問、家畜ノ死体ヲ埋メテイタ同ジ所カ？

答、場所ハ同ジデアリマスガ、穴ハ違イマス（場内動メキ憤激ノ声満ツ）

ほかに中国人１名も毒剤で殺したことを述べ、ロシア人、中国人の被実験

者が「機密保持ノ為」射殺されたことを述べたあと、

問、実験用トシテ第一〇〇部隊ニ送致サレタ人ビトハ皆死ナナケレバナラナカツタト言ウガ、是レハ正シイカ？

答、ソレハ正シクアリマス。

山田清三郎は訊問の様子を『細菌戦軍事裁判』(4) で以下のように描写しています。

「将来なお春秋に富むはずの、当年33歳の被告平桜といれかえに、マイクの前に立たされたのは、25歳の若い被告三友一男であった。もっとも、三友の姿は、はじめから被告席につらなってはいた。しかし訊問に応じるために立った、その全像をみた傍聴席は、ひとしく彼の上に、この若さで？と、憐みの思いを、注がずにいなかった。

しかし、彼にたいする尋問が、第100部隊でも行われていた、生きた人間を使用する実験におよんだとき、その答えをきいた傍聴席は、最後に被告三友が、プロコベンコ弁護人の質問にたいして、第100部隊に志願して入隊したのは、未知の『満州』がみたかったこと、第100部隊のことが、まったくわからなかったこと、第100部隊で自分が行ったことは、自分にとってどんな利益もなかったこと、第100部隊で彼が行った非人道的な人体実験および、ソビエト同盟にたいする細菌謀略と細菌戦準備に参加したことを、『心カラ悔悟シテイマス』と、頭を垂れるまで、K上級中尉を含めて、傍聴席の彼をみる眼が、怒りと憎悪に燃えるのを、避けることはできなかった」

引用文献

(1)　三友一男（1987）『細菌戦の罪』泰流社
(2)　江田憲治・兒嶋俊郎・松村高夫編訳（1991）『人体実験― 731部隊とその周辺』同文館、150－152
(3)　同上、279－281
(4)　山田清三郎（1974）『細菌戦軍事裁判』東邦出版、166－167

おわりに

本書の流れは、「はじめに」で述べたように鼻疽をキーワードにして奉天獣疫研究所（獣研）、馬疫研究処、100部隊（関東軍軍馬防疫廠）の順に設立の背景、鼻疽に関する研究と防疫活動、関係者を含む各機関の相互のつながりなどについて、先行論文[1]の流れを考慮しながら独自に発掘した資料とともにそれらの実態を解き明かすつもりでした。

しかし調査の過程で、1936年の獣研における2度目の鼻疽の実験室内感染の原因が単なる実験上の不注意からではなく、あえて危険な実験に取り組まざるをえなかった背景が「満州日日新聞」の報道から浮上し、目次のような項目と順序でまとめる結果となりました。

獣研の創設（1925年）で始まった満州における鼻疽の研究は、技術の改良を重ねた診断手法によって鼻疽の実態（疫学）はほぼ12年で解明されたように思われます。その間、満州事変から始まった戦争の拡大による軍馬の鼻疽汚染（感染拡大）は、防疫対策上から新たな研究態勢確立の必要性を浮上させたと思われます。

1936年の年明けにおきた獣研における2度目の実験室内感染事故や日中戦争前夜の政治・軍事情勢の緊張も相まって、鼻疽の研究態勢は獣研から馬疫研究処に炭疽と鼻疽の研究を移す形で、関東軍主導によって馬疫研究処の設立がいっきに進みました。

とくに馬疫研究処が掲げた鼻疽の「予防と治療法の発見」の研究目標は、鼻疽の病態と基礎研究の難しさを充分に理解できない為政者に対して一見もっともらしく理解しやすい指標である反面、鼻疽制圧の“永遠＝究極”の課題（目標）でした。そのため、鼻疽の防疫は実際に十分に成果をあげることができず、さらに混迷を深めていったように思われます。

とくに1938年11月の第10回日満家畜防疫会議における陸軍省の冒頭発言の中の“最近、満州国において率先して馬疫研究処を設立したが、未だに成果として見るべきものがない”との指摘、さらに同年12月の安達講演の“鼻疽対策は極めて困難な事業で、莫大な経費と努力をしても、根本的に鼻疽を撲滅するのは至難であり、究極のところ『予防と治療法の発見』を待つしかない”との発言がまさにその混迷を象徴する出来事だと思われます。

いっぽうで満州事変直後に成立した関東軍・臨時病馬収容所は、1936年8月に軍馬防疫廠になりました。しかし、設立直後の軍馬防疫廠（後の100部隊）は研究設備が不十分なために馬疫研究処の“解剖場、培養室、冷蔵庫などを使用”していました。さらに馬疫研究処は“1937年から40年にかけて、関東軍の命令により、5万から10万ccの炭疽ワクチンおよび50万から100万ccの血清を製造し、並河、高島部隊に供給した”と、安達は「供述書」で詳しく述べています（第6章）。このことから、馬疫研究処は研究面で成果をあげることは不十分でしたが、100部隊にひたすら便宜をはかることでその存在価値をおおいに顕示しています。

この間、関東軍獣医部とは対照的に、軍馬防疫廠と同時（1936年8月）に成立した関東軍防疫部（731部隊）は、1939年のノモンハン戦争で隊長の石井四郎を先頭に戦場における給水作戦で大活躍、かつソ連軍の給水源であるハルハ河にチフス菌を撒布する細菌戦を初めて実施しました。

戦場での活躍によって731部隊は、関東軍のみならず陸軍中央にその存在を強烈に印象づけました。いっぽうで石井四郎はマルタを用いた人体実験などを秘匿しながら関東軍防疫給水部を3千名規模に組織拡大をすることに成功しています（詳細は松野誠也論文[(2)]と笠原十九司の『日中戦争全史』[(3)]を参照）。

この時期（1938年～40年）の日本の政治・軍事情勢は日中戦争の泥沼化により対ソ戦略の見直しなどの一層の混迷を深めています。その状況下で731部隊とは対照的に馬疫研究処と100部隊は、安達の「供述書」以外ほとんど資料らしきものがなく、具体的にどのような活動をしていたのか傍証の手がかりがつかめないのが実情です。

この空白期間を経過した後、1941年から100部隊の活動は、三友一男の回想『細菌戦の罪』[(4)]を引用し、第2部第1科と6科の業務について検討することになりました（第７章と８章）。

３年半におよぶ三友一男の100部隊における細菌戦謀略にかかわる活動の特徴点は、第６科の設立当初の業務で鼻疽菌の培養実験を通じてその大量生産システムの技術開発を確立した軍事的意義は大きいと思われます。しかし、病馬廠の時代から実施してきた野外演習（実験）では、とくに鼻疽菌を撒布したデルブル河畔の実験例では期待するような結果がえられなかったのは明白です。

さらに重要な点は、三友一男がハバロフスク軍事裁判の予審尋問の過程で、人体実験に関与した事実を「回想」の文章中の３カ所で間接的に自ら暴露する“頭隠して尻隠さずの失態？”を演じていることが明らかになりました。このことから、三友が100部隊で人体実験に関わっていた事実はほぼ間違いないと思われます。

しかしその人体実験の内容に関しては、本書では公判の法廷訊問をそのまま提示するだけにとどめざるをえず、裏づけとなる傍証は残念ながらえられていません。さらに100部隊の中枢もしくは第２部第６科が組織として人体実験にどのようにかかわっていたのかも未だ資料がなく、わからないのが実情です。

それでも調査の過程で“100部隊に大勢の中国人を送り込んだ”という三田正夫自筆供述書（1954年６月22日）[(5)]の存在を確認できたことは、100部隊が人体実験を組織的におこなっていたことを間接的に示唆する証言として貴重ではないかと思われます。

以上のことから、今回、鼻疽を切り口にした100部隊の活動の解明は、先行論文における“隔靴掻痒”を異なる視点（鼻疽）からわずかばかり解明できたように思われます。しかしながら、依然として真相解明には同じく道半ばで、今後とも引き続き資料の発掘のとりくみが必要であることは言うまでもありません。

（2019年10月11日）

引用文献

(1)　江田いづみ（1997）「関東軍軍馬防疫廠　100 部隊像の再構成」『戦争と疫病』本の友社、41－71
(2)　松野誠也（2017）「ノモンハン戦争と石井部隊」歴史評論 801、71－88
(3)　笠原十九司（2017）『日中戦争全史（下）』高文研、95－100
(4)　三友一男（1987）『細菌戦の罪』泰流社
(5)　江田憲治・兒嶋俊郎・松村高夫編訳（1991）『人体実験― 731 部隊とその周辺』同文館、150－152

索　引

【た行】

【な行】

【は行】

【ま行】

【や行】

【ら行】

【わ行】

謝　辞

筆者が戦前の満州について関心を持ち、このような著書をあらわすことになったきっかけは、妻が戦前に満州国黒竜江省黒河無番地で生まれ、しかも彼女の父親が満鉄の鉄道現場に勤務していたことから戦後ハルビンで八路軍に留用され、1956年に山西省の太原から家族揃って日本に戻ってきたという満州につながる歴史的背景があります。彼女が小学校5年生まで生活した中国での様子などさまざまな経験が本編をまとめるうえで大きな励ましになりました。はじめに妻と今は亡き彼女の両親に本書を捧げたいと思います。

さらに、「はじめに」でふれたように関東軍100部隊について鼻疽をキーワードに解明したいと思いついたきっかけは、筆者に『回想・奉天獣研の20年』と『続 回想・奉天獣研の20年』の2冊を寄贈してくれたH氏です。この内容を読み解くことで、獣研の鼻疽の診断研究の進展と実験室内感染事故をきっかけに、関東軍における鼻疽対策を中心とする本書の全体像を組み立てることができました。H氏に深く感謝したいと思います。

そして、一般には馴染みの薄い満州における「軍馬の鼻疽」の関連資料を農林水産研究情報センターが所蔵する満州獣医畜産学会雑誌から集めるうえで田近英樹・児玉正文の両君にたいへんお世話になりました。また、職場の同僚研究者であった三浦克洋氏は、資料や引用文献のチェックを含め筆者のつたない文章表現までを丁寧に、しかも互いに議論しながら膨大な時間を費やしてくれました。心から感謝いたします。

最後に、最初の原稿をかもがわ出版の鈴木元氏を介して、文理閣の黒川美富子氏に紹介するきっかけを作っていただいた筆者と妻の友人の原崇・敏子夫妻には心から深謝します。ひとのつながりは本当に大切にしなければと思います。また、文理閣の山下信氏には馴れない校正実務の上でたいへんお世話いただき本当にありがとうございました。多くの人達の援助で本書ができたことを心から感謝する次第です。

2019年11月15日　　小河　孝

著者紹介

小河　孝（おがわ　たかし）

1943 年　東京都八王子市生まれ
1966 年　北海道大学獣医学部獣医学科卒業
農林水産省家畜衛生試験場などで研究職として 35 年間勤務（疫学研究室長、九州支場長）。専門分野は獣医疫学、獣医学博士（北海道大学）
2002 年　JICA ベトナム国立獣医学研究所プロジェクト・チーフアドバイザー
2005 年　日本獣医生命科学大学獣医学部獣医保健看護学科教授

満州における軍馬の鼻疽と関東軍
―奉天獣疫研究所・馬疫研究処・100 部隊―

2020 年 3 月 15 日　第 1 刷発行

著　者　小河　孝
発行者　黒川美富子
発行所　図書出版　文理閣
京都市下京区七条河原町西南角　〒600-8146
TEL（075）351-7553　FAX（075）351-7560
http://www.bunrikaku.com
印刷所　亜細亜印刷株式会社

©OGAWA Takashi 2020
ISBN978-4-89259-861-6